ニホンミツバチの飼育法と生態

吉田 忠晴

玉川大学出版部

はじめに

　日本では産業養蜂種として1877年に導入されたセイヨウミツバチが，ハチミツやローヤルゼリー生産，イチゴやメロンなどの花粉交配のために広く飼われています．ニホンミツバチと呼ばれる日本固有種が，北海道を除く本州以南に生息していることは，意外に知られていませんでした．ニホンミツバチの本来のすみかは自然の木の洞(うろ)ですが，人の手では丸太の内部をくりぬいた巣箱や重箱式の巣箱で飼われています．最近，ニホンミツバチの伝統飼育が，新聞やテレビ番組で取り上げられるようになり，ニホンミツバチの存在が徐々に知れ渡るようになってきました．ニホンミツバチでは，セイヨウミツバチのように巣箱や巣枠に改良が加えられていないため，巣内部の観察はきわめて困難です．そのため，巣箱を傾けて下からのぞいたり，上蓋をあけて蜜の貯蔵具合を推定したりすることしかできません．また，蜜の採取では，巣板(すばん)を切り取ったり，ハチをすべて殺してから採蜜をする地方もあり，群にとっては大きな損傷になります．

　玉川大学でのニホンミツバチ研究は1954年から開始されています．1980年代に入ると毎年10数群のニホンミツバチが飼育されるようになり，1989年には，岡田一次先生，私の同僚である小野正人助手(当時)とともに，可動巣枠式巣箱によるニホンミツバチの飼育法を確立し，発表しました．飼育法の確立によって女王蜂の大量養成が可能になり，その女王蜂を用いたニホンミツバチの配偶行動の研究では，交尾時間や交尾場所がセイヨウミツバチと異なっていることが解明されました．さらに，ニホンミツバチの生態研究のために蜂群(ほうぐん)確保は重要な課題となり，東京都町田市在住の青木圭三氏とともに，10年にわたる飼育と改良によって縦長巣箱であるAY巣箱を開発するに至りました．ニホンミツバチを管理する上で，AY巣箱は飼育巣箱として十分に満足できるものですが，セイヨウミツバチ用のラングストロス巣箱のような完成品というわけではありません．AY巣箱で採蜜を主目的にするに

はじめに

は，まだ改良の余地はあると考えています．ニホンミツバチの可動巣枠式巣箱による飼育法は，ほとんど発表されていなかったため，日本各地での伝統飼育，様々なニホンミツバチの生態を加えて，玉川大学ミツバチ科学研究施設の機関誌『ミツバチ科学』の18巻1号(1997)から19巻1号(1998)に5回にわたって紹介しました．

恩師である岡田一次先生は，1990年に30数年間のニホンミツバチの研究記録を私家版として『ニホンミツバチ誌』を出版され，1997年には玉川大学出版部より再版されました．『ニホンミツバチ誌』は，自然の中でのニホンミツバチの営みを中心とした生態を扱っています．1999年に出版された同僚の佐々木正己教授の著書『ニホンミツバチ 北限の *Apis cerana*』では，『ニホンミツバチ誌』と同様に，ニホンミツバチの自然の中での生活に最近の情報が加えられています．

本書は，ニホンミツバチの「養蜂（ようほう）」を目的にしており，『ミツバチ科学』に連載した内容に加筆修正をくわえてまとめています．さらに入手の容易なセイヨウミツバチを用いてミツバチ飼育を開始する際の，基礎的な飼育法についても付記しました．特に，『ニホンミツバチ誌』，『ニホンミツバチ 北限の *Apis cerana*』で，あまりふれられなかったニホンミツバチとセイヨウミツバチとの形態・生理，行動・生態などの比較についても，これまでの文献や実験データから記述しました．

ニホンミツバチをこよなく愛された岡田一次先生には，本書の完成を見ていただきたかったのですが，1999年3月に他界されたことは，誠に残念なことです．謹んでご冥福をお祈りいたします．

巣板上のニホンミツバチを目の当たりにし，ミツバチの興味深い生態にふれながら楽しむ「趣味養蜂」として，さらに庭先での「ペット」として飼うために，この飼育法や生態が少しでも役に立つことがあれば幸いです．

最後に本書の出版をお勧めいただいた玉川大学出版部，久保浩一郎氏にお礼申し上げます．

1999年7月

吉田　忠晴

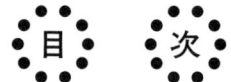

はじめに ……………………………………………………… 2

Ⅰ ニホンミツバチの魅力 ———————————— 11

ニホンミツバチは固有の野生種　適応力のある生き方　趣味養蜂のペットとして

Ⅱ ニホンミツバチと養蜂の歴史 ———————————— 13

「蜜蜂」の最初の文字は『日本書紀』に　平安時代にはミツバチ献上の記録　紀州熊野での飼育の記録　江戸時代にはミツバチ生産が盛ん　蜜市翁によるニホンミツバチの大量飼育　現在に通じる『蜂蜜一覧』での飼育法

Ⅲ ニホンミツバチの生態 ———————————— 19

1．ミツバチの社会 ………………………………… 19
役割を分担する社会性昆虫

2．女王蜂 ………………………………………… 20
女王蜂の寿命は3年程度　王台の出現　王台先端の繭の露出　できにくい変成王台

3．雄　蜂 ………………………………………… 23
巣房の蓋にある特徴的な小孔　雄蜂単板と雄蜂の交尾飛行

4．働き蜂……………………………………………………25
　　(1)　訪花と採餌………………………………………25
　　　　蜜源は多岐にわたる　　蜜源の場所は収穫ダンスで
　　(2)　分　蜂……………………………………………27
　　　　太い枝に集合する　　分蜂は毎年同じ場所に
　　　　分蜂群を誘引するキンリョウヘン
　　(3)　働き蜂産卵………………………………………29
　　　　１つの巣房に多数の卵
　　(4)　巣造り……………………………………………30
　　　　巣板を盛んにかじる　　プロポリスは集めない
　　(5)　門　番……………………………………………31
　　　　ハチの出入りをチェック
　　(6)　扇　風……………………………………………31
　　　　セイヨウミツバチと異なる体の向き
　　(7)　シマリング………………………………………32
　　　　特異な羽音
　　(8)　スズメバチ退治法 ………………………………32
　　　　発熱防衛行動

Ⅳ　ニホンミツバチの飼育法と採蜜　――― 35

1．飼育巣箱………………………………………………35
　　(1)　継箱式巣箱………………………………………35
　　　　セイヨウミツバチの巣箱を使う　　巣枠を改良する
　　　　巣礎はニホンミツバチ用を用いる
　　(2)　縦長巣箱…………………………………………38
　　　　青木式巣箱は理想的な形　　容積と底板を改良した
　　　　吉田式巣箱　　ニホンミツバチ用に考案されたAY
　　　　（青木・吉田）巣箱

2．蜂群の確保と内検(巣箱内の点検)…………………42

 (1) 分蜂群誘導巣箱 ……………………………42
  飛来を待つ伝統的手法 巣箱の形状，誘引剤
  設置場所，分蜂群飛来時刻

 (2) 分蜂群の捕獲と巣箱への導入 ……………44
  分蜂群の捕獲を心がける 自然巣状態での運搬は
  困難 自然巣は巣枠に取り付ける

 (3) 蜂群の設置場所 ……………………………47
  日当たりがよく，夏は直射日光をさえぎる場所

 (4) 群の内検（巣箱内の点検）…………………48
  服装をととのえる 内検はていねいに 巣板か
  らのハチの除去はドラミング法

3．管理法……………………………………………………49

 (1) 年間蜂群管理の要点 ………………………49
  早春（2月中旬～2月下旬） 春期（3月上旬～6
  月上旬） 夏期（6月中旬～9月上旬） 秋期（9
  月中旬～11月上旬） 冬期（11月下旬～2月上旬）

 (2) 採　蜜 …………………………………………51
  採蜜には縦長巣枠ホルダーを使用

 (3) セイヨウミツバチによる盗蜂の防止 ……51
  盗蜂防止器「Ｓ式スクリーン」の効果は大きい

 (4) 害敵とその防除法……………………………52
  ウスグロツヅリガとハチノスツヅリガ オオスズ
  メバチとキイロスズメバチ アリ類 ミツバチ
  ヘギイタダニ その他の害敵

 (5) 給餌法 …………………………………………55
  給餌は蜂群管理の重要なポイント

 (6) 越冬法 …………………………………………56
  空の巣板は抜き取って燻蒸

(7) 繁殖の方法···56
　　　　ハチが増えたら巣板枠や巣礎枠を挿入　　王台の繭
　　　　から分蜂時期を推定　　人工分蜂で群を増やす
　　　　人工王椀による女王蜂の人工養成　　無王群・働き
　　　　蜂産卵群の処置　　弱小群の合同

Ⅴ　野生群の営巣場所 ─────────── 61

1. 樹幹内や開放空間 ···61
　　　北限は青森県下北半島　　樹種はさまざま
2. 木箱や空き缶 ···62
　　　営巣場所として好まれる木箱
3. 人工の建造物 ···64
　　　営巣場所を巧みに見つける

Ⅵ　日本各地での伝統的飼育法と採蜜 ─────── 67

1. 福島県・会津盆地 ··67
　　　福島県の巣箱はキリ
2. 長野県・伊那谷 ···69
　　　熊野地方の流れをくむ伊那谷
3. 京都・花背別所 ···70
　　　採蜜時に使われるゴザ
4. 紀伊半島南部，熊野地方 ·································71
　　　ニホンミツバチのメッカ
5. 四国・愛媛県 ···73
　　　伝統的な採蜜法
6. 西中国山地周辺 ···75
　　　問題になるのはクマの被害

7．山口県西部，北九州 ……………………………… 76
　　　　　重箱式は江戸時代から使われている
　　8．長崎県・対馬 ……………………………………… 76
　　　　　ニホンミツバチだけが生息している唯一の島
　　9．伝統的な巣箱による飼育と採蜜 ………………… 80
　　　　　伝統的な巣箱は重箱式が便利

VII　ニホンミツバチの新たな利用 ──────── 85

　　1．蜂群の確保 ………………………………………… 85
　　　　　逃げられない工夫　　女王蜂の人工養成と人工授精
　　2．採　蜜 ……………………………………………… 87
　　　　　可動巣枠式巣板での採蜜
　　3．ポリネーションへの利用 ………………………… 88
　　　　　トウヨウミツバチ　　ニホンミツバチの利用
　　4．害敵，病気に対する抵抗性 ……………………… 90
　　　　　新しい害敵，病気の侵入をふせぐ

VIII　世界のミツバチ ──────────────── 91

　　1．ミツバチの分布 …………………………………… 91
　　　　　9種になったミツバチ
　　2．アジア各地のトウヨウミツバチ ………………… 93
　　　　　ニホンミツバチの仲間は4種

IX　トウヨウミツバチの飼育法 ─────────── 95

　　　　　丸太巣箱　　壁に取り付けた巣箱　　その他の伝統
　　　　　的な巣箱　　トウヨウミツバチの可動巣枠式巣箱
　　　　　トウヨウミツバチの蜂群数

X ニホンミツバチとセイヨウミツバチの種間相違点 —— 101

1. 形態・生理の違い …………………………………101
分布域　体長・体重・体色　翅脈　働き蜂
女王蜂　雄蜂　生育期間　産卵直後の卵

2. 行動・生態の違い …………………………………106
交尾飛行時刻　雄蜂の集合場所　巣板と巣房
蜂数と分蜂　一般的性質　刺針行動　扇風
蜂カーテン　背腹振動　グルーミング　振身
行動　シマリング　ナサノフ腺フェロモン
大顎でかじる・嚙む

3. 訪花の違い …………………………………………112
訪花植物・採餌圏　収穫ダンス　雄蜂の訪花

4. 害敵・病気の違い …………………………………114
盗蜂　スズメバチとハチノスツヅリガ　ダニ類
腐蛆病

5. 生産物の違い ………………………………………116
蜂毒　蜂ろう　ローヤルゼリー

付録　セイヨウミツバチの飼育法 —— 118

1. 蜂群の購入と飼育の準備 …………………………118
蜂群は専門の業者から　スタートは6枚群から
蜂群の購入は春　趣味養蜂では飼育届は不要
飼育開始に必要となる主な蜂具(継箱/隔王板/巣板/
巣礎/給餌器/王かご)　観察時の必需品(燻煙器/
ハイブツール/面布/手袋)　採蜜時に必要となる
主な蜂具(蜂ブラシ/蜜刀/分離器/蜜濾器)

2. 群の内検(巣箱内の点検) …………………………122
燻煙器は必需品　巣板の観察にハイブツールは必須

3．管理法 ……………………………………………………124
 (1) 蜂群の増殖 ……………………………………124
  ハチが増えたら巣板は継箱に 隔王板を利用する
  人工分蜂には王台の観察が重要 管理上重要な分蜂防止

 (2) 女王蜂の養成と群への導入……………………126
  自然王台，プラスチック王台の利用 王かごを使った女王蜂の導入

 (3) 群の合同 ………………………………………127
  継箱と新聞紙を用いる蜂群の合同

 (4) 給　餌……………………………………………128
  給餌する砂糖水の基本は50％溶液

 (5) 越　冬……………………………………………129
  越冬前に十分な貯蜜を

 (6) 巣板の保存 ……………………………………129
  巣板は二硫化炭素で燻蒸して保存

 (7) 病気・害敵の防除 ……………………………129
  セイヨウミツバチの重要な病気(アメリカ腐蛆病/ヨーロッパ腐蛆病/チョーク病/ノゼマ病) セイヨウミツバチの重要な害敵(ミツバチヘギイタダニ/アカリンダニ/オオスズメバチ/ハチノスツヅリガ)

主な参考書と文献……………………………………………134
ニホンミツバチ用機材の購入先……………………………135
セイヨウミツバチ蜂群(種蜂)，機材の購入先　…………135

1 ニホンミツバチの魅力

ニホンミツバチは固有の野生種

　日本には東南アジア地域に広く分布域をもつトウヨウミツバチの一亜種であるニホンミツバチが，本州以南に野生種として生息している．日本では明治10年(明治8年の異説もある)に，アメリカを経由してハチミツ生産にすぐれた産業養蜂種としてのセイヨウミツバチの導入が開始された．その結果，セイヨウミツバチがニホンミツバチの貯蜜を盗んでしまう盗蜂が発生したり，餌資源である蜜源獲得の競争に負け，ニホンミツバチはセイヨウミツバチが生息しない山間僻地に追いやられ，セイヨウミツバチに駆逐されたといわれてきている．しかしニホンミツバチとセイヨウミツバチは，交尾する時間や雄蜂の集合場所と呼ばれる交尾空間の違いによって生殖隔離が行われている．このように，時空間の相違が存在することで，両種の繁殖に影響を及ぼすことは考えられない．盗蜂の発生や，餌資源の競争が生じたとしても，セイヨウミツバチがニホンミツバチを駆逐したのではなく，人間がニホンミツバチの生息しやすい自然環境を減少させてきたことによって，開発が進んでいない山間僻地に生息しているニホンミツバチだけが，目につくようになったのではないかと考えている．一部ではニホンミツバチ絶滅の危機が問われることがあるが，現在の状況を見るかぎり，そのような心配はないと思われる．

適応力のある生き方

　セイヨウミツバチは，壊滅的な被害を受けるスズメバチ類やミツバチヘギイタダニなどの害敵や，家畜法定伝染病に指定されている腐蛆病などの病気の存在により，野生化するのはむずかしく，すべて人間の飼養(保護)下でな

ければ生きられない．一方，ニホンミツバチは，人間による保護がなくても，これらの害敵や病気に対して高い抵抗性を持っている．またレンゲ，アカシア，トチ，ミカン，クローバーなどのセイヨウミツバチにとって重要な蜜源は年々減少している．しかし都市圏は公園や街路樹に蜜源となる木々が植えられるようになり，ニホンミツバチにとっては蜜源の確保は好条件になってきている．また本来の営巣場所は，森や林の古木の洞であるが，その営巣場所はセイヨウミツバチより多様性に富んでいる．最近多く確認される場所としては，都市化された中に点在する雑木林，神社，公園の古木の空洞，放置された木箱や空き缶，また家屋の天井裏，床下，物置小屋，墓の中，土留め石垣の隙間などの人工の建造物である．ニホンミツバチは，むしろ環境に適応した生き方によって生息域を広げてきているように思われる．

趣味養蜂のペットとして

　ニホンミツバチはおとなしく，セイヨウミツバチでは必須の，煙でハチの攻撃を鎮めるための燻煙器を使う必要がなく，顔をおおう面布だけで蜂群の点検ができる．さらにセイヨウミツバチのような害敵や病気に対する保護もとくに必要としない．飼育している間には，自家製のハチミツも採れ，趣味と実益を兼ねた「ホビー養蜂」といわれる「趣味養蜂」に，まさに適している．さらに飼育自体が庭先飼育での「ペット」として可愛がられる一端を備えている．しかし，ニホンミツバチの持つ逃去性や分蜂性によって，「ペット」としていたハチが逃げ出したときには，飼育者はその失敗を補うような飼い方を発想する．それは飼育者とニホンミツバチとの間で，かけひきを伴ったゲーム性を秘めており，セイヨウミツバチにはない飼育の楽しさが生まれてくる．

II　ニホンミツバチと養蜂の歴史

「蜜蜂」の最初の文字は『日本書紀』に

ミツバチの歴史は,外国では紀元前からの資料にみることができるが,日本で文献上最初にミツバチと明記して記載されたのは皇極天皇2年の643年である。『日本書紀』の中に「是歳,百済の太子餘豊(すよひら),蜜蜂の房四枚を以て,三輪山に放ち養(か)う。しかれどもついに蕃息(うまわ)らず」(図1)とあるように,養蜂の試みは失敗に終わっている。しかしそれより16年前の627年,推古天皇35年の『日本書紀』には,ミツバチの分蜂群と思われる記事がみられ,これが日本で最も古いミツバチに関する記録であると,多くの文献に記載されている。

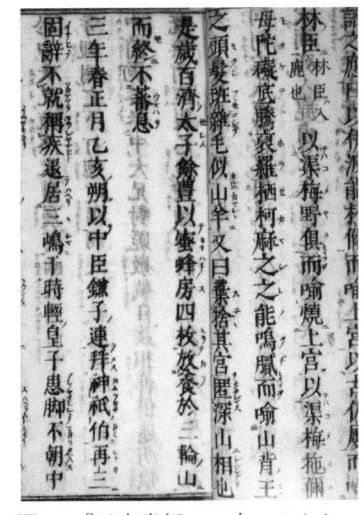

図1　『日本書紀』の中にみられるミツバチの記載(写本より)

平安時代にはハチミツ献上の記録

薬用としてのハチミツが朝鮮から貢ぎ物として献上されたことは,『続日本紀』(760),『三代実録』(872)の史書に記されている。平安時代になると『延喜式』(905〜927)に,甲斐,相模,備中各1升(しょう),能登および越後各1升5合(しょうごう),信濃および備後各2升,また蜂房(ほうぼう)と記された蜜の入った巣蜜が摂津から7両,伊勢から1斤(きん)12両を献上した記録が登場し,原始的ではあるがハチミツが採集されたことを示している。平安時代も末期になると,『今昔物語』,『今鏡(きん)』(1170)に報恩説話やミツバチ飼育の記事が出てくる。

紀州熊野での飼育の記録

江戸時代になると各地で飼養が盛んになり、ハチミツを採る目的でミツバチが飼われるようになったことは、1709年(宝永6)の貝原益軒の『大和本草』に初めてみられる。1791年(寛政3)の久世敦行の『家蜂畜養記』には地道なミツバチの生態観察が書かれており、1799年(寛政11)の木村孔恭の『日本山海名産図会』には、人家の軒下につるした樽や箱に飼われているニホンミツバチの様子や採蜜など、紀州熊野でのハチミツ生産が描かれている(図2)。

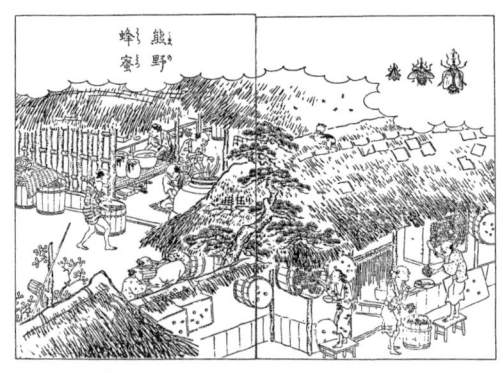

図2 『日本山海名産図会』(国立国会図書館蔵)

江戸時代にはハチミツ生産が盛ん

江戸後期にはハチミツが愛用され、さらに漢方薬の丸薬製造にハチミツは欠かせないものであったという。江戸末期(1805、文化2)の小野蘭山の『本草綱目啓蒙』ではハチミツの生産地が示され、1859年(安政6)の大蔵常永の『公益国産考』に豊後国のハチミツ相場が記録されている。水戸九代藩主、徳川斉昭は養蜂の産業化を構想して、実用的な養蜂技術書『景山養蜂録』(18??)を記している。

蜜市翁によるニホンミツバチの大量飼育

江戸末期から明治初年に至って、和歌山県有田市で、通称「蜜市」と呼ばれた貞市右衛門は数百群におよぶニホンミツバチの大量飼育に取り組み、巣箱を規格化し、小規模ではあるが天秤棒でかつぎながら移動養蜂も行っている。ハチミツ、蜂ろうの生産量、時には箱数が「大福帳」に1858年(安政5)以降、病没の前年(1903、明治36)まで記録されている。1959年に記念出版された『養蜂の農聖 蜜市翁小伝』の中に年譜とともに生産記録が示されている。それには、1858年(安政5)から1903年(明治36)の45年の間に、

記録がない年が5年間あるが，1年間に平均344貫263匁，1,290 kgの採蜜を行っている．蜂群数である箱数と採蜜量が示されいるのは，45年間の内23年間であるが，その中で最大採蜜量は1868年(明治元)の223箱から978貫272匁，1群当たり4貫386匁，16.4 kgで，最小は1885年(明治18)の919匁，3.4 kgである．蜂群数が示された23年間での1群当たりの平均は，1貫88匁，7 kgであった．このようにニホンミツバチでの養蜂を大成させたのである．

現在に通じる『蜂蜜一覧』での飼育法

セイヨウミツバチが導入される5年前にあたる1872年(明治5)に，翌年の1873年，ウィーン万国博で日本の物産を紹介する目的で田中芳雄によって編纂された『蜂蜜一覧』には，ミツバチの生態についての解説や採蜜と採ろうの様子が詳しく描写されており，江戸時代末期までの養蜂技術が書き残

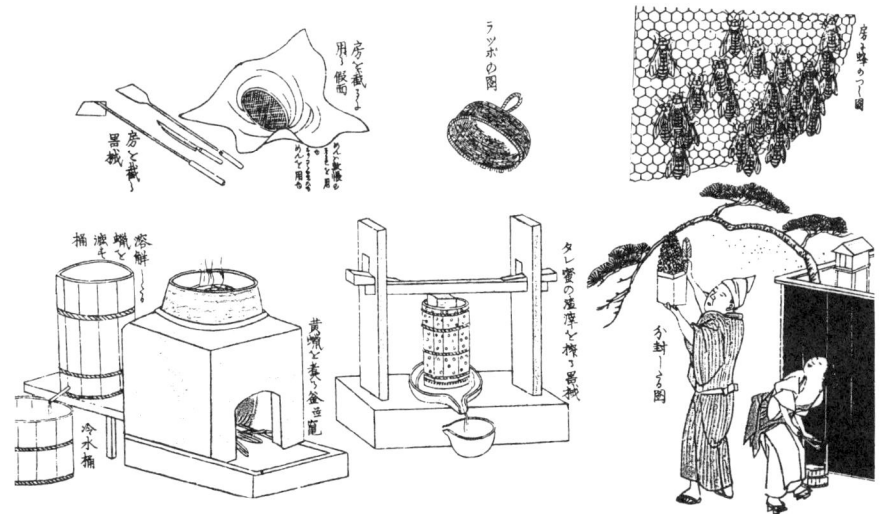

図3　『蜂蜜一覧』(1872)に描写されているニホンミツバチ養蜂　(渡辺，1975より)
　　上段右より：巣板上に並ぶ働き蜂，「ラッポ」と呼ばれる分蜂群誘導器，面布と巣板を切り取る道具
　　下段右より：分蜂群の収容(手桶に入れた水を柄杓で分蜂群にかけている．枝に固まった群を鳥の羽を使って小箱に収容している)，タレ蜜を採った残りの巣を圧搾して蜜を搾り出す，蜂ろうの精製

されている(図3).

　解説の中には，八十八夜前からクロバチと呼ばれる雄蜂が巣門から出入りするようになると分蜂が近いこと，アカバチ(スズメバチ)が群を襲ってくること，さらに王台(おうだい)を切り取って分蜂を防止する方法など，ニホンミツバチの生態や管理方法が的確に記述されている．挿画にみられる「房(ふさ)に蜂のつく図」は，ニホンミツバチの特徴を正確につかんでおり，分蜂時の蜂を鎮めるための手桶(ておけ)に入れた水や，分蜂群の収容時に鳥の羽をブラシとして使っている点は，現在でも用いられている方法である．

　さらに分蜂群を誘(ひ)き寄せ，捕獲するための藁(わら)で編んだ「ラッポ」と呼ばれる物は，日本各地で呼び名は異なるが，今でも分蜂群誘導のために使われている．また面布，圧搾式(あっさく)の蜜搾(みつしぼ)り器，蜂ろうの精製など道具類の図がわかりやすい．描かれている5段の重箱式巣箱は，全く同じ形状の物が山口県で使われている(図4)．

　巣箱を軽くたたいてハチを巣板から移動させてから蜜巣(みつ)を切り取る絵は，1992年にタイ南部のシャム湾に浮かぶサムイ島でのトウ

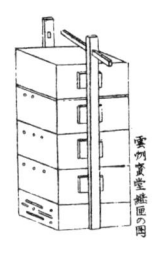

図4　『蜂蜜一覧』(1872)に描写されている5段の重箱式巣箱(右)と山口県美祢市で使われている巣箱(左)

図5　『蜂蜜一覧』(1872)に描写されている蜜巣の切り取り(左)とタイ・サムイ島での採蜜

図6　タイ・サムイ島での天秤棒を使った巣箱の移動

ヨウミツバチからの採蜜で類似の方法をみることができた(図5)．さらにサムイ島では天秤棒による移動方法も行われており，「蜜市」と共通部分がタイでみられるのは興味深いことである(図6)．

III　ニホンミツバチの生態

1．ミツバチの社会

役割を分担する社会性昆虫

　ミツバチはもっとも進化した社会性昆虫であり，常に蜂群が生活の単位となっているため，単独での生活はできない．1匹の女王蜂と数千から数万の働き蜂，繁殖期に現れる2,000～3,000の雄蜂で群が構成されている．

　女王蜂と働き蜂は同じ受精卵から生まれるメスである．女王蜂は産卵に終始し，最盛期には1日2,000個以上の卵を生むことができる．平均2～4年の寿命がある．働き蜂はメスであるが，通常は産卵することはない．しかし，女王蜂が死亡し，次代の女王蜂の育成ができない状態が起こった場合，数匹の働き蜂による働き蜂産卵が起こる．この場合，働き蜂は雄蜂との交尾はできないため卵はすべて未受精卵であるため，雄蜂が生まれてくる．働き蜂は羽化後の日齢が進むにつれて体内のホルモン濃度が変化する．その経過に従って巣の掃除，育児，巣造り，貯蜜，門番，そして花を訪れて花蜜や花粉を集める仕事を分担している．雄蜂は種の維持のために新女王との交尾が唯一の役目である．交尾の際に空中で女王蜂をみつけ追いつくために，翅のある胸部と複眼が大きく発達している．幼虫の育つ巣房も働き蜂よりひとまわり大きく，女王蜂はこの巣房に未受精卵を産み付ける．雄蜂は未受精卵から発生した半数体（$n=16$）である．

　女王蜂の雌雄の産み分けは，巣房の大きさを前肢で測って働き蜂巣房に受精卵，雄蜂巣房に未受精卵を産み付ける．働き蜂と雄蜂巣房の直径の差は1

mmほどであるが，産み分けは正確に行われる．女王蜂が育つ釣り鐘状の特別な巣房である王台は，その先端が働き蜂巣房と同じ直径であるため，受精卵が産み付けられる．同じ受精卵からの女王蜂と働き蜂は，育児される巣房と，幼虫期に与えられるローヤルゼリーの量の違いによって決定される．

　ニホンミツバチの女王蜂，雄蜂，働き蜂には，セイヨウミツバチにはみられない特異的な生態がある．

2．女王蜂

女王蜂の寿命は3年程度

　トウヨウミツバチのインド亜種についての研究によると，女王蜂の卵から羽化までの生育日数は15日であり，セイヨウミツバチの16日に比較して1日早いことが報告されている．これまでセイヨウミツバチの24の亜種間で，生育日数の差は報告されていないため，トウヨウミツバチにおいても同様のことがいえると考えられる．ニホンミツバチ女王蜂の生育日数は，これまでに観察した結果からもインド亜種と同様に15日である．

　　　図7　女王蜂　　　　　　　図8　産卵する女王蜂

　女王蜂の周りには働き蜂が取り囲み(図7)，働き蜂が直接給餌したり，女王蜂の大顎腺から分泌される9-オキソデセン酸を主成分とする「女王物質」をなめ取る行動がみられる．女王蜂の動きは活発で，また黒色の体色は働き蜂と似ているため，女王蜂を確認することができないこともある．女王蜂の

産卵は新女王蜂の1年目は旺盛で(図8)，2年目も順調であるが，3年目の春になると突然，死亡したりする．その兆候がない場合には産卵が低下して秋から越冬期に死亡する傾向がみられ，そのため群が消滅することが多い．これまでの飼育結果から，女王蜂の寿命は3年程度と考えている．セイヨウミツバチでは産卵直後の卵は直立しているが，ニホンミツバチでは傾斜している違いがある(図9)．

図9　傾斜している卵

王台の出現

4～6月の繁殖時期に巣板の下部に1～3個，多いときには5～6個の王台が造られる．王台の先端がふさがれてから約3日後には，先端のろうが働き蜂によってかじり取られ茶褐色の繭が完全に露出する(図10)．その頃になると，女王蜂の周りにいる働き蜂は，盛んに体を振るう背腹振動を繰り返し，産卵を妨害するのがみられる．

図10　王台先端のろうが取り除かれ，繭の先端が現れた王台(左)と蓋がされる前の王台(右)

王台先端の繭の露出

繭が露出してから5～6日目に旧女王蜂は働き蜂とともに分蜂する．分蜂した翌日に新女王蜂は王台より出房するが，その際に新女王蜂が嚙み切った先端部の繭が王台に蓋状に付いた状態で残っている(図11)．新女王蜂は羽化後6日を過ぎると14：00頃より交尾飛行に飛び立つ(図12)．女王蜂は，周囲の地形の中で目立つ木の特定の上空部分にある「雄蜂の集合場所」に飛

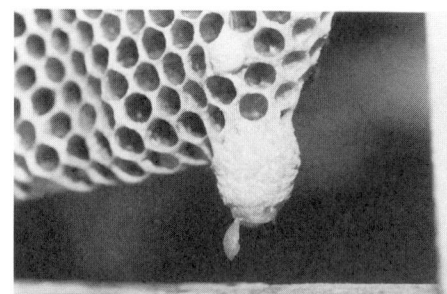
図11 王台先端部に残された羽化女王蜂が嚙み切った繭

図12 交尾飛行に出巣する新女王蜂

図14 交尾標識を付けて帰巣した女王蜂

図13 クヌギ樹上の雄蜂の集合場所

行して(図13)，10匹前後の雄蜂と多回交尾(たかいこうび)をする．新女王蜂は「交尾標識(こうびひょうしき)」と呼ばれる最後に交尾した雄蜂の生殖器の一部を腹部先端に付けて帰巣し(図14)，2～3日後に産卵を開始する．

できにくい変成王台

セイヨウミツバチでは，女王蜂が消失して無王群になると，孵化後3日以内の若い幼虫のいる巣房(すぼう)が10個ほど選ばれて，六角形の巣房を緊急に改造する変成王台が造られる．しかし，ニホンミツバチでは，変成王台は一般にできにくいが，群の状態によってはまれに変成王台を確認することができる

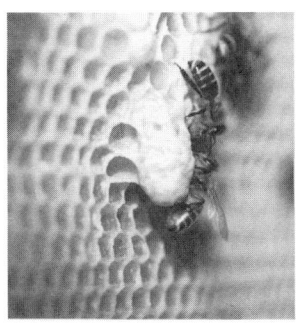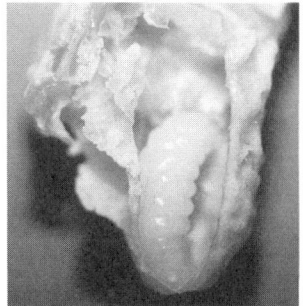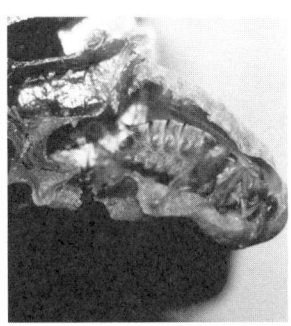

図15 変成王台
左:巣板上の変成王台　中:変成王台内部の成熟した幼虫　右:羽化直前の新女王蜂

(図15).新女王蜂が突然消失して無王になった場合は,若い幼虫のいる蜂児巣板を導入して変成王台を造らせることは可能である.

3. 雄　蜂

巣房の蓋にある特徴的な小孔

雄蜂の卵から羽化までの生育日数は,インド亜種と同様に21日で,セイヨウミツバチより3日短い.雄蜂の巣房に蓋がけされた直後は外見上特筆すべき点はないが,その後,1〜6日以内に働き蜂によって表面のろう層が除去される.ろう層が除去されると繭が表れる.その頂部中央にはセイヨウミツバチにはみられないトウヨウミツバチに共通の特有な小孔がある(図16).トウヨウミツバチ雄蜂の巣蓋は,働き蜂に比較して巣房面に密着するように蓋がけされているため,この小孔は空気の流通口と考えられている.小孔は幼虫が繭を造り,最後に幼虫が出す酵素(ククナ

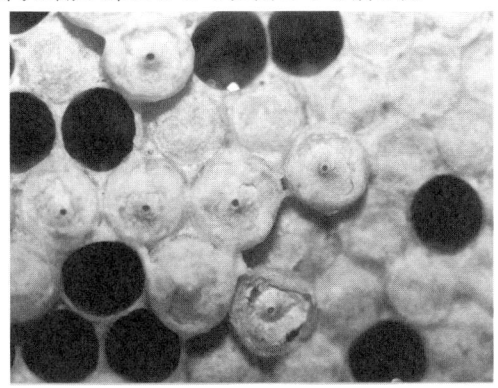

図16 小孔のある雄蜂巣房

ーゼ)の作用によって繭が溶けてできると報告されているが，繭を造る幼虫が吐糸しながら小孔を造り上げていくことも確かめられている．

雄蜂巣板と雄蜂の交尾飛行

　セイヨウミツバチ養蜂で使われる可動巣枠は，巣枠全体に巣板が作られるように，またその巣板を造るきっかけとなるように，ろうの板に六角形がプレスされた巣礎を張り付ける．台湾から輸入したセイヨウミツバチ働き蜂の巣礎は，内径が5.3 mmと日本のもの（5.1 mm）より若干大きく，またニホンミツバチ雄蜂巣房の内径5.4 mmに近いため巣板全面が雄蜂巣房となり，雄蜂の飛行時間の観察や人工授精で雄蜂が多数必要な場合などに活用し

図17　巣板に造られた雄蜂巣房

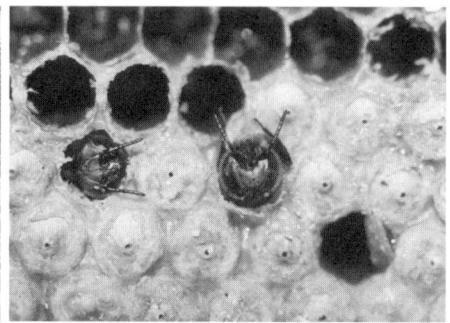

図18　雄蜂の羽化

図19　働き蜂から給餌を受ける雄蜂(左)と餌をとる雄蜂(右)

ている(図17)．

　雄蜂は繭の蓋を嚙み切って羽化する(図18)．雄蜂は働き蜂から給餌を受

けるが，セイヨウミツバチと異なり，雄蜂自身が直接，貯蜜巣房から餌を取ることがみられる（図19）。雄蜂の飛行は羽化後5日目から開始され，8～10日目に多くの雄蜂が集合場所を目指して交尾飛行に飛び立つ。出巣は13：15から開始されるが，14：30～15：00に最も多い飛行が観察される（図20）。

図20　雄蜂の出巣

4．働き蜂

働き蜂の羽化までの生育日数は，インド亜種と同様に19日で（図21），セイヨウミツバチの働き蜂より2日短い。働き蜂の性質は温和で，燻煙器は使わない。一般的には管理時に面布を使用するが，流蜜期はほとんど攻撃性はなく刺すことはない。

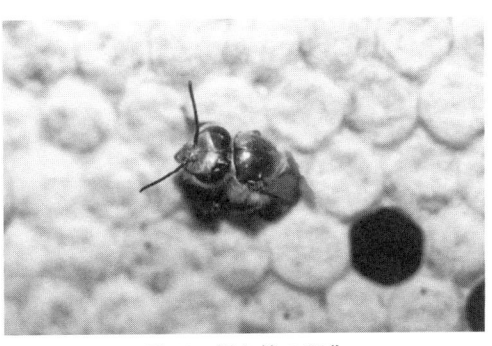

図21　働き蜂の羽化

しかし冬期や春先の低温時は，流蜜期とは打って変わった攻撃を示し，温和な性質とは極端に異なる場合がある。

（1）訪花と採餌

蜜源は多岐にわたる

ニホンミツバチが訪れる蜜源植物は約100種が知られているが，主な植物としては以下のものが挙げられる。

　　春のウメ，ナタネ，アラセイトウ，ツバキ，タンポポ，レンゲ，ミカン，アンズ，スモモ，スダジイ，ウツギ，サンゴジュ，クリ

　　夏のネズミモチ，クロガネモチ，ヤブガラシ，イタドリ，サルスベリ，

図22 働き蜂の訪花 左からウメ，ウツギ，スモモ，ヤブガラシ

クズ

秋のカナムグラ，ソバ，セイタカアワダチソウ，ツワブキ

冬のビワ，サザンカ，ツバキ

蜜源植物の種類はセイヨウミツバチと共通性がある．しかしセイヨウミツバチがレンゲ，ニセアカシア，トチノキ，シナノキなどの主要植物に集中する傾向があるのに対して，ニホンミツバチはセイヨウミツバチよりも訪花植物の選択が多岐にわたっている（図22）．ヨーロッパではモミなどの葉についているアブラムシの分泌物をミツバチが採取してくる甘露蜜が知られているが，クリにつくクリオオアブラムシの葉上についた甘露をニホンミツバチが盛んに採取するのを観察することができる（図23）．

図23 クリオオアブラムシの甘露を採る働き蜂

図24 巣板上での尻振りダンス

蜜源の場所は収穫ダンスで

花蜜や花粉源を知らせる収穫ダンスは，尻振り（8の字）ダンスで距離と方向を仲間に知らせる（図24）．8の字を1回描く際に発せられる音信号によ

III ニホンミツバチの生態

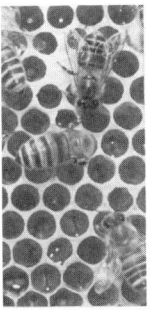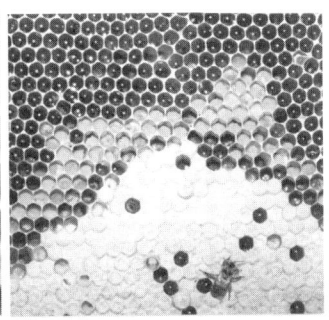

図 25 花蜜と花粉の貯蔵
左から，蜜の口移し，貯蜜，花粉だんご，貯蜜・花粉・育児圏に分かれた巣板の利用

る「距離と発音時間の関係」の研究から，玉川大学キャンパス内で飼育しているニホンミツバチの採餌距離は 2.2 km，セイヨウミツバチは 3 km で，採餌対象面積はそれぞれ 15 km² および 28 km² で，ニホンミツバチはセイヨウミツバチの約半分の狭い面積を採餌圏にしていることが推察された．花蜜の採集から帰巣した外勤蜂は，巣板上の内勤蜂に口移しで蜜を渡し(図25)，内勤蜂は巣房の中に蜜を蓄える(図25)．花粉の採集蜂は後肢に花粉をだんご状に丸めて持ち帰り，花粉だんごを貯蔵するために巣房に頭部を入れて確かめる(図25)．巣板は食料である蜜を貯蔵する貯蜜圏，その下に花粉をためる花粉圏，そして幼虫を育てるための育児圏に分かれて巣板が利用されていく(図25)．

(2) 分 蜂

太い枝に集合する

4月末から5月になると分蜂が起こる．分蜂はミツバチの繁殖時に起こるもので，次代の女王蜂が羽化する2～3日前に女王蜂と約半数の働き蜂が一斉に巣から飛び立ち，いったん近くに集合し，その後営巣場所へ移動する行動である．

ニホンミツバチの分蜂群の多くは，ウメ，モモ，サクラ，カキ，マツなどの太い枝分かれした樹皮の下に付着したように付く．セイヨウミツバチのように細い木の枝を包むような分蜂はみられない．蜂球を形成している働き

図 26　分蜂群
左：カキの太い枝分かれした樹皮下に付着した横からみた分蜂
中：正面からみた分蜂
右上：空中を舞う分蜂群　右下：頭を上にしてきれいに並ぶ働き蜂

蜂が頭を上にしてきれいに並ぶ点も特徴的である(図26)．時には，乱舞するハチの群が市街地に飛来して，街路樹などに集合したりするため，周囲の人々を驚かすことがある．

分蜂は毎年同じ場所に

分蜂群は毎年同じ樹種の同じ場所に集まる傾向がある．熊野地方，長崎県・対馬などで分蜂群誘導器を用いているのも，これらの習性を利用したものである．

分蜂群を誘引するキンリョウヘン

分蜂群が蜜や花粉がない東洋ランの一種であるキンリョウヘンの花にひかれ，飛来するきわめて特異的な現象がみられる．さらに花を訪れることがない雄蜂も誘引されることがわかった．働き蜂や雄蜂は後胸背板にランの花粉塊を付けており，花粉媒介を行っていることが確認された(図27)．分蜂群や雄蜂までも誘引するランの匂いの研究が進められている．

III ニホンミツバチの生態

図 27 キンリョウヘンへの分蜂群の飛来と働き蜂,雄蜂
上段左：巣箱の前に置いたキンリョウヘンに飛来した分蜂群
上段右：花には働き蜂や雄蜂がひしめくように取り付いている
下段左より,後胸背板に花粉塊を付けた働き蜂,ランに訪花して花中に潜る雄蜂,働き蜂と同様に花粉塊を付けた雄蜂,巣箱に持ち込まれた花粉塊を運び出す働き蜂

(3) 働き蜂産卵

1つの巣房に多数の卵

　女王蜂が急に死亡して無王群になると,セイヨウミツバチでは変成王台を造るが,ニホンミツバチでは変成王台は一般にできにくい．特に新女王蜂が事故死したり,交尾飛行中の不測の事態で無王になった場合,変成王台を造るための若い幼虫が巣房内に生存しないため,無王になってから4〜5日の内に働き蜂による産卵が開始される．セイヨウミツバチに比べると,きわめて早い産卵である．産卵する働き蜂は腹部にある黄色のバンドが消失して黒く光るようになり(図28),数匹の働き蜂が巣房に卵を産みつける(図28).そのため,巣房中に,数個から数十個の卵がみられ(図28),女王蜂が巣房

図 28　働き蜂産卵
左から，腹部のバンドが消失して黒く光る働き蜂，産卵する働き蜂，働き蜂による産卵，女王蜂による正常な産卵．

に1個1個産みつけるのとは異なっている(図28)．最終的には孵化した幼虫の1匹が育つ．働き蜂は交尾できないため，働き蜂巣房で育った小型の雄蜂が羽化してくる．

(4)　巣造り

巣板を盛んにかじる

働き蜂は羽化後10日を過ぎると腹部の第4節から7節にあるろう腺が発達してくる．そこから長径2.2 mm，短径1.4 mmほどのうろこ状の薄いろう片が分泌される．ろう片は働き蜂の後肢の内側にあるブラシ状の毛を使って抜き取って口に運び，大顎でかみ砕きながら張り付けるようにして巣房の

図 29　巣造りをする働き蜂(左)とかじった巣板に新たに造られた巣板(右)

壁を造り，六角形を組み合わせた板状の巣板にする．

ニホンミツバチはセイヨウミツバチと異なり，越冬中に激しい巣板かじりがみられ，巣箱の底部への巣屑(すくず)の堆積はいちじるしく多い．この巣板かじりによって蜂球が造られる場所が限られ，巣板による分断がないため巣内の保温効果が高まっているのではないかと考えられている．3月中旬になり繁殖期が近づくと，かじり上げていた部分に新巣を造り出し(図29)，巣板はほぼ元の状態に戻る．ニホンミツバチが大顎を使って嚙む力は意外に強く，観察時などに手に止まった働き蜂に嚙まれた痛さに驚くことがある．

プロポリスは集めない

セイヨウミツバチは，巣房の乾燥防止や微生物の繁殖防止，巣の穴や隙間の修繕，侵入者の死体の遺棄に植物から集めてきた樹脂であるプロポリス(ハチヤニ)を利用するが，ニホンミツバチはプロポリスの採集はみられない．

(5) 門　番

ハチの出入りをチェック

自然巣の入口や巣箱の巣門では，門番蜂が巣を出入りするハチを絶えずチェックしている(図30)．他の巣箱のハチが侵入しようとする場合には嚙みついたりして攻撃する(図30)．しかし春先や越冬前に，貯蜜を盗みに飛来するセイヨウミツバチの盗蜂に対しては，執拗(しつよう)なチェックはみられず，多くの盗蜂による被害を受けることになる．

図30　巣門の門番蜂(左)と侵入蜂への攻撃(右)

(6) 扇　風

セイヨウミツバチと異なる体の向き

巣門の前で行われる扇風の向きは，ニホンミツバチが頭部を外側に向けて

(図31)，新しい空気を巣の奥へ送り込むような気流を作り換気している．一方，セイヨウミツバチは巣内側に頭部を向けて扇風を行い，巣の中の空気を排出するような空気の流れになり，基本的に扇風の方法が異なっている．

(7) シマリング

特異な羽音

図31 巣門での扇風

その他のニホンミツバチの生態的な特徴としては，巣箱の蓋を開けた際や，内検作業中に振動を与えたり，巣板上の働き蜂に息を吹きかけたりすると，一斉に特異な羽音であるシマリングと呼ばれる警戒音を発する．

(8) スズメバチ退治法

発熱防衛行動

害敵のオオスズメバチが襲来すると，それまで巣門から盛んに出入りしていた働き蜂が極端に減少する．巣箱内からは，警戒音のシマリングが聞こえる．巣箱内では，巣門の内側に巣板から離れた多数の働き蜂が集まり，巣箱

図32 巣箱の中で熱殺されたオオスズメバチ(左)，キイロスズメバチに対する熱殺蜂球(中)，蜂球の温度はニホンミツバチの致死温度(47℃)に近い45.8℃まで上昇している

に侵入したオオスズメバチに対しては，500匹以上の働き蜂によって封じこめられる蜂球ができる．蜂球内の温度は，働き蜂の飛翔筋(ひしょうきん)による発熱で致死温度の47℃まで上がり，熱殺する行動が巣箱内でみられる(図32)．

　キイロスズメバチは，オオスズメバチのような集団攻撃はみられないが，巣門付近を飛びながら働き蜂を捕らえていく．巣門にいる門衛蜂(もんえいばち)は，腹部を高く上げて左右に振る振身(しんしん)行動を盛んに行い，撃退しようとする．キイロスズメバチが巣門に着地したり，働き蜂の攻撃で巣門近くに落下したときには，オオスズメバチと同様に蜂球で熱殺される(図32)．

Ⅳ　ニホンミツバチの飼育法と採蜜

　伝統的な飼育法で飼われているニホンミツバチの巣箱内は，複数の自然巣板が垂直に垂れ下がる複葉巣が造られているため，内部の観察はきわめて困難である．そのため観察を容易にしたり，採蜜しやすいような飼育法が検討されている．一部には伝統的な飼育巣箱である重箱式巣箱や木箱に巣枠を組み入れたものが考案されているが，多くはセイヨウミツバチの巣箱や巣枠を利用する方法や，巣枠に改良を加えたものである．

　そこでセイヨウミツバチの巣箱を用い，巣枠に改良を加えた飼育法や，ニホンミツバチの効率的な巣板利用を反映させて考案した縦長巣箱について，その特徴と飼育・管理法について解説する．

　なお，ニホンミツバチで使用する蜂具類のうち，ニホンミツバチ専用のものは後述の盗蜂防止器だけであり，多くはセイヨウミツバチ用のものを使っている．そのため蜂具類の解説については，付録「セイヨウミツバチの飼育法」の項を参照していただきたい．

1．飼育巣箱

(1)　継箱式巣箱

セイヨウミツバチの巣箱を使う

　ラングストロス式巣箱を利用した飼育法の大きな特徴は，継箱に全ての巣板を納め，下の巣箱は空にしておく点である(図33)．ニホンミツバチは越

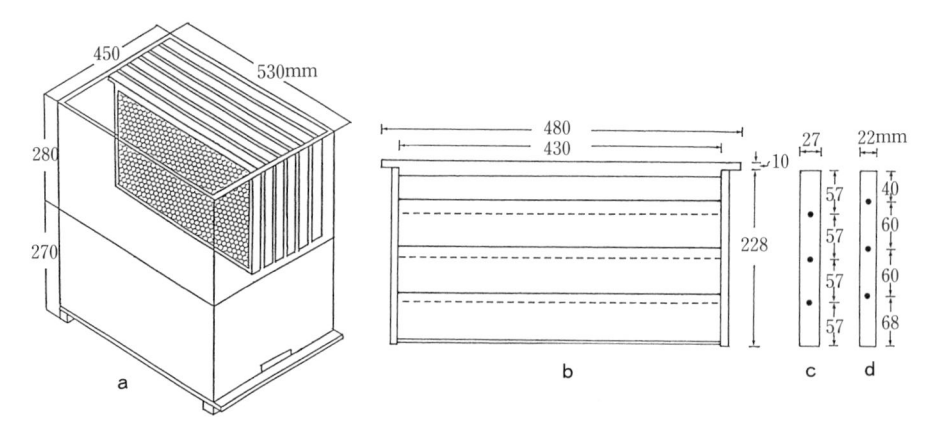

図33　継箱式巣箱と巣枠
　a：継箱式巣箱の内部構造　b：ニホンミツバチ(—)とセイヨウミツバチ(…)の針金の位置．側面からみたセイヨウミツバチ(c)とニホンミツバチ(d)の針金の位置と巣枠の幅

冬中あるいは雄蜂の生産に先だって巣板をかじる習性が強く，巣箱の底に巣屑が堆積して，ウスグロツヅリガやハチノスツヅリガの幼虫の発生を助長する．そのため堆積した巣屑の除去が重要な管理項目となる．継箱式巣箱では蜂群に刺激を与えずに下の巣箱を交換することができる．空間部分の巣箱にムダ巣が垂れ下がることがまれにあるが，管理上不都合な点はほとんどない．ニホンミツバチの自然巣の営巣場所をみても，巣板の下部に十分な空間のある場所が好まれる場合が多く，これらの飼育法は営巣習性ともうまく一致していると考えられる．

巣枠を改良する

　継箱式巣箱で使用する巣枠は，図33に示したような改良を行ったものである．セイヨウミツバチ用巣枠では上桟部の幅は27mmであるが，ニホンミツバチの場合は，自然巣の巣板間隔に合わせて狭くし，22mmとした．さらに巣枠に張る針金の位置を全体的に上にずらし，最下部の位置をセイヨウミツバチの巣枠より11mm広くとってある．
　巣板と巣板の間隔であるビースペースは，広くとりすぎるとその空間に，ムダ巣が造られたり，越冬時の保温効率が悪くなったりする．そのため上桟

の間隔をセイヨウミツバチの 10 mm よりも 30 ％縮め，7 mm としてある．これらの改良により，巣枠の間にムダ巣が造られることがなくなり，さらに針金による巣造りの障害も回避される．

巣礎はニホンミツバチ用を用いる

　ニホンミツバチの巣礎(すそ)は国内で生産されていないため，台湾より直接輸入したトウヨウミツバチ用に造られたものを使用している．最近はニホンミツバチ用の巣礎が販売されているが，それらも台湾から輸入されたものである．

　巣礎を埋線器(まいせんき)で針金に固定し，蜂群(ほうぐん)に導入すれば巣造りが開始されるが，巣礎の左右の下端が使用されないまま残されることが多い(図34)．その点を考慮して，あらかじめ残されてしまう巣礎の両端を丸く切り取って蜂群に与えれば良好な結果が得られる(図34)．

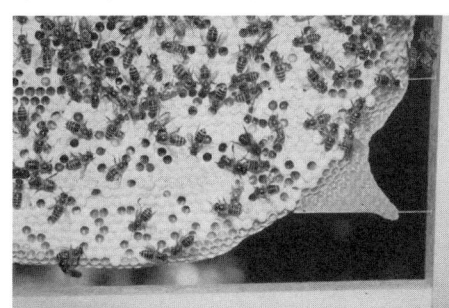

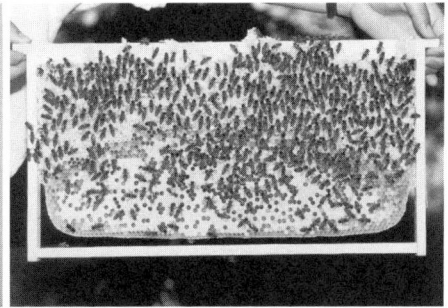

図34　継箱式巣箱の巣板
巣礎下部の端が残された巣板(左)と巣礎を用いて完成された巣板(右)

　ニホンミツバチの巣礎のサイズは，セイヨウミツバチと同じであるが，前述のように，巣礎の下端を使わずに残してしまうことは，横長巣板はニホンミツバチにとって無駄が多いことになると考えられる．ニホンミツバチでは，セイヨウミツバチで普通にみられる巣板全体が蜂児(ほうじ)となる額面蜂児巣板(がくめん)ができることは少なく，1枚の巣板上部の1/4〜1/3は貯蜜圏(ちょみつ)として使用される．流蜜(りゅうみつ)時期によっては貯蜜巣板が造られるが，多くの場合は貯蜜圏と蜂児圏が1枚の巣板に存在している．

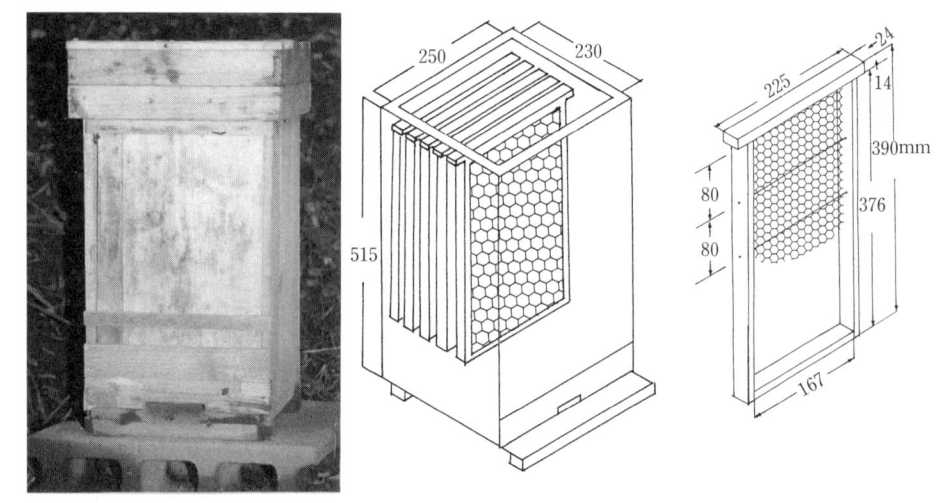

図 35　青木式縦長巣箱(左)と内部構造(右)

(2) 縦長巣箱

青木式巣箱は理想的な形

　東京都町田市の青木圭三氏によって考案された縦長巣箱は，ラングストロス式の横長の枠より少し小さい縦長の木枠を用いている．伝統的な丸太巣箱や重箱式巣箱は縦に長い構造になっており，それらの巣板も基本的に縦長になっているため，その特徴を生かした巣箱である．

　巣箱本体の寸法は，幅250×奥行230×縦515mmに作製されている．縦長巣枠は幅167×縦390×厚さ24mmで，巣枠に23番の針金を2本，80mm間隔で張り，前述のニホンミツバチの巣礎を巣枠の半分の位置に張り付ける．巣箱には7枚の巣枠を入れることができる(図35)．巣箱内部の観察ができるように，前面の板は開閉が可能である．巣門部分も脱着でき，巣屑やスムシと呼

図 36　前面の板を取り外した青木式縦長巣箱

38

ばれるハチノスツヅリガ幼虫の清掃が簡単にできる(図36)．青木式縦長巣箱で用いられた縦巣板は，横長巣板に比較して巣板利用にも無駄がなく，管理はきわめて良好である．しかし小さい蜂群の場合は問題はないが，強群(きょうぐん)になり蜂量(ほうりょう)が増加してくると巣箱の容積が小さいため蜂群が逃亡してしまうことがある．

容積と底板を改良した吉田式巣箱

　私は青木式縦長巣箱と同じ規格の巣枠を採用して，巣箱の幅を250 mm，奥行を2倍の500 mm，縦の長さは550 mmで，取り外し可能な50 mm幅の巣門と底板部分を一体化した吉田式縦長巣箱を考案した(図37)．巣箱には巣枠(きゅうじき)10枚と給餌器および分割板(ぶんかつばん)が入る容積があるため，蜂量が増加した際の逃亡を回避することができ，巣屑などの掃除は底板部分を移動することで簡単にできる利点がある．

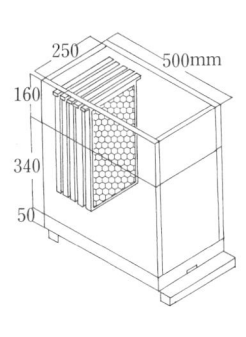

図37　吉田式縦長巣箱
吉田式縦長巣箱(左)，内部構造(中)，貯蜜圏・花粉圏・蜂児圏に分かれた縦巣板(右)

　縦長巣板の上部1/4～1/3は横長巣板と同様に貯蜜圏として利用されるため(図37)，その特徴を利用して改良した縦長巣箱を図38に示した．縦長巣枠の幅は167 mmで青木式と同じであるが，390 mmの縦部分を120 mmの貯蜜枠と270 mmの蜂児枠の上下2つに区切っている．巣箱の貯蜜枠部分は継箱(つぎばこ)式になっている．流蜜期には貯蜜枠に蜜が入り，貯蜜圏と花粉圏・

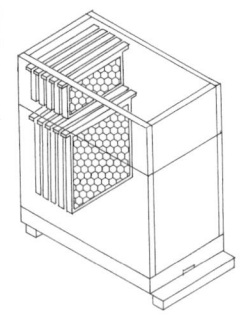

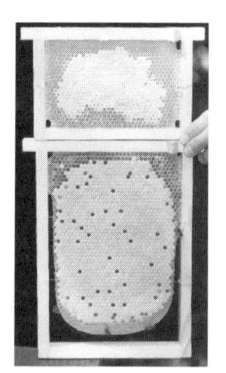

図 38 採蜜用に改良した縦長巣箱(左)，内部構造(中)，貯蜜圏と花粉圏・蜂児圏に分かれた巣板(右)

育児圏が上下の巣板に効率よく分かれ，貯蜜部分を分離器で採蜜することが可能である．採蜜用としては理想的ではあるが，ニホンミツバチは，巣板全体を貯蜜に利用することは少なく，セイヨウミツバチのように貯蜜された巣板を上段の継箱に移動したり，貯蜜用として空巣板を継箱に導入することはニホンミツバチでは困難である．従ってこの上下に区切った巣板は，常に1枚の巣板として組み合わせて利用することになる．とくに，蜂量が少ない場合には貯蜜枠に蜜を貯めることはなく，蜂児枠の上部に貯蜜してしまうという欠点がある．

ニホンミツバチ用に考案されたAY(青木・吉田)巣箱

前述の青木式と吉田式の利点を盛り込んで最終的に考案されたのが，AY巣箱と呼んでいる縦長巣箱である(図39)．

巣箱の寸法（内寸）は，幅240×奥行420×縦500 mm，内部には縦長巣枠10枚と給餌器，分割板が収納できる．巣枠の上桟は230 mm

図 39 AY(青木・吉田)巣箱の構造

で，内寸は 170×360×24 mm である．巣板の脱落や採蜜時での破損防止に 23 番の針金を 60 mm 間隔で 5 本張っている．長さ 408×幅 200 mm に統一されているニホンミツバチ用の巣礎を 3 等分して木枠にはめ込み(図 40)，受け台の上に巣礎部分を乗せて埋線器で上部の 3 本の針金に張り付ける．巣造りを良好にするために，巣礎の下隅 2 カ所を丸く切り落とす(図 40)．巣

図 40　AY 巣箱の巣枠と巣板
3 等分した巣礎を巣枠にはめ込み，埋線器で巣礎を針金に固定する(左)，巣礎の下隅を丸く切り落として完成した巣枠(中)，巣枠全体に完成した巣板(右)

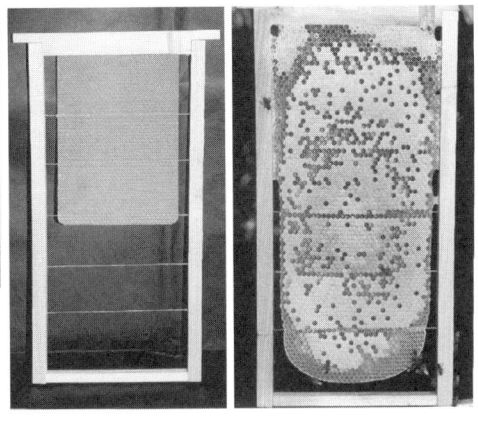

図 41　AY 巣箱での巣屑の掃除
AY 巣箱を持ち上げると，底板部分と分離することができる(左)，ハイブツールなどを使って，底板に堆積した巣屑の掃除が簡単にできる(右)

造りが開始されると巣礎が張っていない下部にも巣板が造られる(図40)．巣箱を持ち上げると，底板部分と分離できるため，ハイブツールなどをつかって巣屑の掃除が簡単にできる構造になっている(図41)．

2．蜂群の確保と内検(巣箱内の点検)

(1) 分蜂群誘導巣箱

飛来を待つ伝統的手法

ニホンミツバチは，たまたま飛来したり，みつけた分蜂群や自然巣を採取するか，ニホンミツバチを飼育している人から譲り受けなければ，確保することができない．しかし，自然巣をみつけた場所や飼育されている巣箱の周辺に空の巣箱を設置して，分蜂群を誘導する方法が古くから日本各地で行われている．分蜂群誘導巣箱は，分蜂時期にハチの飛来を「待つ」という意味から，各地で巣箱の呼び方が付いている．熊野地方では「待ちゴーラ」「待ちウトー」「待ちダル」「待ちオケ」，対馬では「待ち洞」と呼ばれている．

巣箱の形状，誘引剤

分蜂群誘導巣箱には，伝統的巣箱や可動巣枠式巣箱のどちらにおいても，新しい巣箱は適していない．一度はハチを飼ったことがあり，蜂ろうの匂いが残っている巣箱が理想的である．

前述のAY巣箱を用いる際には，巣箱内の前後に一度使用した巣板枠と巣礎を張った枠の2枚を入れる．さらに給餌板または分割板を巣箱中央に入れて中仕切りとし，ハチが落ち着くように縦に長い2つの空間を作る．内部に入れる巣板はセイヨウミツバチの巣板でも代用できる．セイヨウミツバチの巣箱を使用する場合は，継箱を重ねた継箱式巣箱にAY巣箱と同様に左右の端に巣板，継箱の中央に給餌器か分割板で中仕切りとする．

誘導巣箱が比較的新しい場合には，誘引剤が用いられる．誘引剤としては経験的なものが多いが，ニホンミツバチ飼養者間で使用されている主なもの

を以下に記した．
①古いニホンミツバチの巣板を容器に入れ，水を加えて加熱する．溶けたろうを巣箱の内側に塗りつける．
②砂糖と熱湯を1：1で混合した砂糖水を作り，冷えた砂糖水にアルコール（20度焼酎）を少量加え，発酵させたものを給餌器に200mℓ程度を入れておく．
③黒砂糖とアルコール（20度焼酎）を1：1で湯煎（ゆせん）しながら溶かす．焦がさないように注意する．これを巣箱の内側に塗り，日陰で乾燥させる．

設置場所，分蜂群飛来時刻

　自然巣や飼育群のある場所から，200～300m以内に誘導巣箱を設置する．場所は風通しがよく，直射日光が当たらない，ある程度ひらけた南傾斜地が適している．神社やお寺では，大木で直射日光がさえぎられる場所を選ぶと良い．巣門の方向は南か東向きとし，巣箱の上には雨を避けるための覆いを乗せる．
　営巣場所を捜すように巣箱の周りを飛行したり，巣箱内に入ったりする働き蜂は，探索蜂（たんさくばち）と呼ばれている．その探索蜂が設置した誘導巣箱に飛来し始めると，時間とともに働き蜂の数が30匹ほどに増えてくる．この状況が2～3日続くと，分蜂群の飛来する可能性は高い．通常，風のないよく晴れた日の午前10時～午後2時頃に誘導巣箱の上空を無数のハチが乱舞しながら，巣箱に入ってくる．
　巣箱周辺を飛んでいた多くのハチが巣箱内に入ると，落ち着いた状態になる．可動式巣板を用いない伝統的な巣箱はそのまま放置して飼育していく．AY巣箱では蜂群の蜂量によって多少ことなるが，2～3枚の空巣板を入れる．空巣板だけを入れても群としての活動には支障はないが，蜜や蜂児巣板が他の飼育群から流用できるようであれば，1枚の蜜巣板，卵や幼虫のある蜂児巣板を1枚加えておくと，蜂群の落ち着きや活動は早くなる．
　設置した場所からAY巣箱を移動する際は，明るい内に巣板を固定しておき，働き蜂が帰巣した日没後に巣門を閉じて，巣板が振動しないように注意して運搬する．

(2) 分蜂群の捕獲と巣箱への導入

分蜂群の捕獲を心がける

　ニホンミツバチの分蜂群はウメ，モモ，サクラ，カキ，マツなどの木の幹を好み，その場所が毎年同じか，もしくはきわめて近い場所であることも珍しくない．私たちの蜂場では，毎年4月下旬から6月初旬にかけて分蜂がみられるが，1997年5月～6月上旬には，蜂場近くの同じクヌギの幹に6群もの分蜂群が集結した．この習性を利用して，分蜂群誘導器を用いる地域

図42　分蜂群誘導器
樹皮を笠状の板に貼り付けた誘導器（左）と円筒状に巻き付けた誘導器（右）

がある．分蜂群誘導器は熊野地方ではツリカワと呼ばれ，サクラやスギの樹皮を40×60 cmほどに剝離し，外側を内側にして乾燥させ笠状にしたものである．対馬では特に呼び名は付いていないが，サクラの樹皮を笠状の板に貼り付けたり，円筒状に巻き付けたりしているものが使われている（図42）．分蜂群誘導器に集結した群は，新しい巣箱に静かに入れる．

　飼育している蜂群からの分蜂群や，みつけた分蜂群を捕獲して，群を増やしていくことができる．木の幹に集結した分蜂群は，捕虫網で捕獲する．梯子で登っても届かない樹上の高いところであれば，8 mの長い柄の付いた捕虫網を使って蜂球を一気にすくい入れる（図43）．梯子で登れる高さの場合は，蜂球のある場所まで登り，1.5 mの短い柄のものを用いる（図43）．捕

IV　ニホンミツバチの飼育法と採蜜

図43　分蜂群の捕獲
8 m の捕虫網を用いた分蜂群の捕獲(左)，梯子で登れる場所は柄も短い捕虫網で捕獲(中，右)

　獲した蜂群を収容する際には，あらかじめ用意した巣箱に空巣板や蜜巣板を入れ，さらに余裕があれば蜂児巣板を加え，捕虫網内の蜂群を振い落とす．
　家屋の屋根裏など狭い閉鎖空間や捕虫網が使用できない場合には，ビニール袋などで蜂球を包み込み，小型ボンベに入った二酸化炭素を注入して蜂群全体を麻酔して回収する．この方法は既に営巣を開始したり，自然巣を造り出した蜂群の捕獲にきわめて有効である．

自然巣状態での運搬は困難
　巣枠の入っていない状態で，空巣箱などに造られた自然巣状態のニホンミツバチの運搬はきわめて困難である．ほとんどの場合，運搬時に巣板が落下し，蜂群に大きな損傷を与えたり，蜂群が死滅したりする．
　そのため蜂群を入手する方法として，分蜂群のハチだけを輸送する方法が熊本県八代市の福田道弘氏によって考案され，実施されている．ダンボール箱の底にハチが止まりやすいようにベニヤ板を押し込み，捕獲した分蜂群をその箱に入れる．蓋を締めて，小さな空気孔を側面に開け，二重になるように少し大きい箱に入れ，周囲に新聞紙などを丸めて緩衝材にして運搬・輸送

図44　分蜂群の輸送
左から，2重にしたダンボール箱，小さい方の箱の上部に固まった状態の分蜂群，AY巣箱の上に乗せて蜂群を一気に落とし入れる，作業は2m四方の網室内で行っている

する（図44）．到着したダンボール内の蜂群はAY巣箱の上に乗せて，一気に巣箱に落とし入れる（図44）．これらの作業を2m四方の網室で行うことでハチの逃亡を防いでいる（図44）．2日ほど網室に入れ，働き蜂が巣箱から出入りして落ち着いた状態になってから外に出す．巣箱からハチが飛び出して網室内に蜂球を造った場合は，再度蜂球を巣箱に入れ，給餌を多くしたりする．巣箱に営巣した群を運搬してきた場合についても，2日ほど網室に入れて様子を観察するようにしている．

　網室は網戸を利用して造ることができる．その際に継ぎ目からハチが出ないようにガムテープなどでしっかりと目張りする．また現在では入手の困難な面もあるが蚊帳で代用することもできる．

自然巣は巣枠に取り付ける

　自然巣が造られた蜂群を巣枠に移設する場合は，蜂児巣板を切り取って巣枠に取り付ける．巣板の数は5～6枚を目安として，縦長巣枠の内側寸法に合わせて蜂児巣板を切断する．巣板の取り付けは巣枠全面とせずに上桟から5～6割とし，下側にハチが取り付く空間を残しておく．切断した蜂児巣板を平らな板の上に乗せ，その上に針金を張った巣枠を合わせる（図45）．巣枠の針金に沿って巣板の半分の深さまで軽くナイフで切り込みを入れ，針金を押し込み巣板を取り付ける．さらに巣板の落下防止のために綿糸や針金で巣板を固定する．それらの巣板を入れた巣箱に元の巣箱にいたハチを移し，

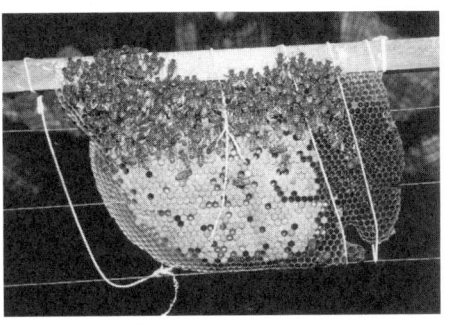

図 45　自然巣板の巣枠への取り付け
左：切り取った巣板を巣枠に針金で固定する
右：綿糸を用いると働き蜂が嚙み切ってくれる

同じ場所に巣箱を設置する．3〜4日で巣板は固定されるが，針金は巣造りや産卵のじゃまになるため，除去しなければならない．綿糸の場合はしばらくするとハチが嚙み切ってしまうので，残った部分を取り除くだけでよい（図45）．

(3)　蜂群の設置場所

日当たりがよく，夏は直射日光をさえぎる場所

　蜂群の設置場所としては，人通りの少ない東か南に開けた場所で，日当たりがよく，近くに蜜源となる多くの植物があることが理想的である．また夏の直射日光をさえぎり，冬は暖かい日差しがあたるような落葉樹木が茂っていることも重要である．日陰で，寒く，湿った場所はハチの活動には不適当である．巣箱は湿気を防ぐため直接地面に置かずにブロックなどの台に乗せ，雨が入り込まないように巣門側を少し低くする．巣箱の蓋の上に，雨を避けるためにトタン板，塩化ビニール製の波板などの覆いを乗せる．ブロックや石などを置いて，風で飛ばないようにする．巣箱の周囲に1mほどの生け垣や垣根があると，巣箱から出帰巣するハチはそれを越えなければならないため，近くを通る人とハチが遭遇し被害を与えるような機会は減少する．

　巣箱を並べて置くときは巣箱と巣箱の間を2mは開けたい．その余裕がない場合は目印のマークを付けたカラーのアクリル板を巣門の上に付けるとハチの迷い込みが軽減でき，巣門前で迷い込んだハチとの闘争は少なくなる．

(4) 群の内検(巣箱内の点検)

服装をととのえる

　ニホンミツバチの性質は，一般に温和で刺針行動の頻度も低いため，セイヨウミツバチの内検時に必須の燻煙器は使用しなくてよい．ニホンミツバチの場合は燻煙するとかえって蜂群全体が煙に対して敏感に反応して大騒ぎとなる．顔を刺されないようにつばの広い帽子の上から面布をかぶり，長袖，長ズボン姿が望ましい．蜜不足の時などは攻撃的になることがあるため，そのような場合にはゴム手袋などで手を保護するとよい．もし刺されたときは，刺針基部に付いている毒囊部が収縮を繰り返して蜂毒が送り込まれているため，刺針を速やかに取り除くことが必要である．残った刺針を指先で抜こうとすると，毒囊部をつぶした状態になり，いっそう蜂毒が入ることになるためよくない．刺されたところを着ているものに強くこするようにして刺針を抜く．体質によってはかなり腫れ上がる人がいるが，2，3日で腫れが引く場合が多い．しかし刺された後にじんましんが出たり，呼吸困難になったりする人は，蜂毒に対するアレルギーをもっているため，ミツバチの飼育は避けたほうがよいと思われる．

内検はていねいに

　晴天時を選び，ハイブツールで静かにこじるようにしながら，手前から1枚ずつ巣板上桟の両隅を持ち上げて点検する．ハチの出入りを妨げるので，巣門の前には立たないようにする．蜂体を巣板に挟んで潰したり，傷つけたときの働き蜂の反応は特に激しいので，ていねいにみるように心がける．流蜜，分蜂期の4月中旬〜6月中旬は1週間に1度の内検は必要である．蜜源が不足する梅雨期は，セイヨウミツバチの盗蜂が発生するので，その兆候が見えた場合は中止する．越冬期以外は月に1度の内検は実施したい．

巣板からのハチの除去はドラミング法

　巣板の観察や巣板を移動する際に，巣板上の働き蜂を除く場合は，セイヨウミツバチのように巣板を振って落としたり，蜂ブラシで払い落とすのはよ

くない．まず女王蜂がいないことを確認し，巣板の上桟の片隅を片手でぶら下げるように持つ．上桟をハイブツールで軽く叩き，働き蜂を巣板の下部に集め，次にそのままの状態で蜂の集まった下部を巣箱内の巣板の上桟に接触させると，集まっていた働き蜂は，流れるように巣箱内に入り込む（図46）．これはドラミング法と呼ばれる方法で，巣板から働き蜂を容易に移動させることができる．

内検時のチェック事項としては，最初に巣門前に死蜂がいないかどうか，巣門のチェックをする．次に巣箱の蓋をあけたときに，働き蜂の量，アリなどの侵入状況を点検する．巣板上では①女王蜂の有無と産卵状態，②幼虫の量，その分布，③働き蜂，雄蜂の量，④王台，ムダ巣の有無，⑤貯蜜，貯蔵花粉の量と分布，⑥病気その他の異常，そして，巣箱の底に堆積した巣屑量を注意して調べることが重要である．

図46 ドラミング法による働き蜂の移動
巣板の上桟をハイブツールで軽くたたくと，働き蜂は音のしない方に走るようにして移動する

3．管理法

ここでは，AY巣箱による管理法について述べることにする．

(1) 年間蜂群管理の要点

早春(2月中旬～2月下旬)
ウメが咲き始める頃になると女王蜂の産卵が開始され，働き蜂の活動も活発になる．暖かい日を選んで，産卵，貯蜜の状況を点検する．早春期は夜間に気温が下がるため，貯蜜が少ない場合は蜂児圏に近い上桟の上に，巣箱の蓋が完全に閉まる厚さの容器を乗せて少量給餌を日没直後に繰り返す．セイヨウミツバチの盗蜂はこの時期に発生するので警戒が必要である．

春期(3月上旬〜6月上旬)
　3月上旬になると女王蜂の産卵が活発になるため，育児や貯蜜に注意する．冬の間に激しくかじってしまった巣板や，巣箱の底に堆積した巣屑は取り除く．4月中旬頃から蜂数が増えてくる．巣板上がハチでいっぱいになったら，空巣板は外側に，巣礎枠は外側から1枚目と2枚目の巣板間に挿入していく．雄蜂の産卵が開始されると王台が造られてくるので注意する．特に繭が現れた王台のある群は分蜂に気をつける．巣屑の堆積に注意し，多い場合には掃除を行う．自然巣群を可動式の巣箱に移し変えるのに適している時期である．貯蜜の状況によっては採蜜できる．

夏期(6月中旬〜9月上旬)
　梅雨期に入ると蜜源，採餌活動が減少するため，セイヨウミツバチの盗蜂の発生には特に注意する．盗蜂の攻撃を受けた群は捕虫網などでできるだけ捕獲して，盗蜂防止器のS式スクリーンを巣門に取り付ける．盗蜂が他の群へ波及しないように，全ての巣箱にS式スクリーンを取り付けて予防する．分蜂が起こる蜂群もあるため，王台にも注意する．気温の高い日は，巣箱内の温度の上昇によって巣門前にハチが溢れ出ることがあるが，夕方にはおさまることが多い．

秋期(9月中旬〜11月上旬)
　秋の蜜源によって，蜂群の活動は上昇する．場所によってはソバの開花後に採蜜を行うことができる．スズメバチの攻撃に注意し，弱小群は合同する．セイタカアワダチソウの蜜が入ってくると，独特の臭いがするのでよく分かる．ハギが咲き始めたら貯蜜の少ない群には給餌する．蜂数に対して余分な巣板がある場合は取り出し，ハチノスツヅリガの幼虫(スムシ)からの被害を防ぐために冷蔵で保存する．もしくはドライアイスと共に密封した巣箱や箱に入れ，気体となって発生する二酸化炭素で殺虫して春まで保存する．エタノール(薬局で購入できる)を巣板に噴霧して密封保存することも効果がある．気温が低下すると攻撃的になりやすいので，給餌時などは注意する．

冬期(11月下旬～2月上旬)

巣門を縮めるなどして，越冬の準備をする．越冬は貯蜜量が十分であれば特に問題がない．気温の高い日には巣門から出入りする働き蜂がみられるが，蜂球を崩す原因になるため，頻繁に内検を行うのはよくない．

(2) 採 蜜

採蜜には縦長巣枠ホルダーを使用

縦長巣板はセイヨウミツバチ用の遠心分離器を用いて採蜜することができる．縦長巣板には5本の針金が張ってあるが，巣板は強度的に弱く，採蜜の際に遠心分離器で回転すると破損する場合がある．そのため採蜜時には，セイヨウミツバチ用の隔王板を利用した「縦長巣枠ホルダー」を貯蜜巣板の両面にあてがい，針金で固定して巣板を補強して採蜜する (図47)．全面に貯蜜された巣板から採蜜するのが理想的である．貯蜜圏と蜂児圏が混じっている巣板は，できる限り貯蜜圏の広い巣板を選び採蜜する．遠心分離器の回転を強くしなくてもニホンミツバチの蜜は巣板から分離できる．

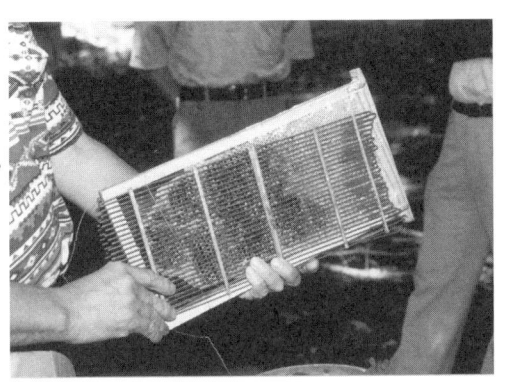

図47 採蜜時に用いる縦長巣枠ホルダー 採蜜時に遠心分離器で回転すると巣板が破損する場合があるため，両面にホルダーを付けて保護する

採蜜量は天候や採蜜時期によって異なるが，蜜源の少ない都市周辺で1～2 kg，蜜源の豊富な地域では2～4 kgの採蜜が期待できる．

(3) セイヨウミツバチによる盗蜂の防止

盗蜂防止器「S式スクリーン」の効果は大きい

周囲に蜜源の豊かなときは，問題はほとんど生じないが，越冬開けや梅雨の時期などは，時としてニホンミツバチの巣箱にセイヨウミツバチの激しい盗蜂が押し寄せることがある．もし，盗蜂が起きた場合には，群の再起は難

しく，蜂群を網室に入れて隔離するか，遠くに移動するなどの処置をとることしかできないのが現状である．その予防策として巣門を縮めて盗蜂が侵入しにくくしたりするが，それでもおさまらない場合は盗蜂防止器を用いる．

盗蜂防止器はニホンミツバチとセイヨウミツバチの体のサイズを考慮したもので，ニホンミツバチは通れるがセイヨウミツバチは通過できない幅3.6 mmのスリットになっている．東京都三鷹市の須藤頼男氏は，私と同じ3.6 mmの隙間の盗蜂防止器を以前から使用していた．その後，須藤氏はＡＹ巣箱での蜂群管理のために，巣門に設置する盗蜂防止器，「Ｓ式スクリーン」を開発した(図48)．Ｓ式スクリーンの盗蜂に対する効果は，十分に満足できるものである．

図48 盗蜂防止のためのＳ式スクリーン

（4）害敵とその防除法

セイヨウミツバチは壊滅的な被害を受ける腐蛆病やスズメバチ類，ミツバチヘギイタダニの存在により，すべて人間の保護のもとにある．ニホンミツバチには腐蛆病などの病気の発生はみられない．また多くの天敵が存在するが，長年の共存の中から対象とする天敵に応じた見事な防衛戦略を発達させている．従って，スムシやセイヨウミツバチによる盗蜂を除けば大掛かりな防除対策は通常必要としない．主な害敵とそれらに対する処理法を以下に述べる．

ウスグロツヅリガとハチノスツヅリガ

スムシと呼ばれる2種の幼虫の内，ウスグロツヅリガ(図49)の幼虫は巣箱の底に堆積した巣屑内に認められ，巣屑の除去を定期的に行わないと大発生することがある(図49)．ハチノスツヅリガ(図49)の幼虫は巣屑内に生息しているが，巣板にも入り込み，巣板を食い荒らして被害を与える．弱小群

図49 ニホンミツバチの害敵である2種のスムシとその天敵
左から，ウスグロツヅリガ，ハチノスツヅリガ，巣屑の中に生息するスムシの幼虫，巣板を食い荒らすスムシの幼虫，両種の天敵であるスムシヒメコマユバチ(実際の体長は5 mm程である)

では時には壊滅的な被害を受け，蜂群が逃亡してしまう．女王蜂が消失し働き蜂産卵が始まるなど蜂群に異常が発生すると，働き蜂の減少に伴ってスムシの被害は特に著しい．天敵であるスムシヒメコマユバチ(図49)は冬期を除いて巣屑上に多数みられるが，巣屑を掃除してスムシの幼虫を除去することがより有効である．

オオスズメバチとキイロスズメバチ

スズメバチ類の中では，オオスズメバチとキイロスズメバチの2種が注意を要する．オオスズメバチが巣箱に飛来すると，巣門から興奮したハチが飛び出してきて大騒ぎとなる．オオスズメバチの飛来が続くと働き蜂の出入りが減少する．オオスズメバチに対しては，熱殺による防衛行動がみられるが，巣門を縮めて侵入を防いだり，定期的に見回って捕虫網などで捕殺する．さらに集団飛来が激しい場合にはセイヨウミツバチ用のスズメバチ捕殺器を取り付ける．キイロスズメバチは，集団で飛来することはないので被害はそれほど大きくない．しかし巣門付近への飛来頻度が高いため，働き蜂の採餌活動量は低下する．捕獲や捕殺器の取り付けによる防除が必要である．

アリ類

巣箱に侵入する種としては，トビイロケアリとアミメアリがあげられる．トビイロケアリは巣箱に食い入ったり，内部に巣を造るため，ハチ自身には直接的な害はないと思われるが巣箱の痛みがいちじるしく早まる．巣箱の蓋

図 50　ニホンミツバチの害敵
左から，アミメアリを翅で飛び散らす働き蜂，死蛹を運ぶトゲアリ，稀にみられるミツバチヘギイタダニ，巣箱内に生息するクロゴキブリの幼虫，働き蜂を捕えたカニグモの仲間

や継箱の間に入り込むのは，移動習性のあるアミメアリである．巣門付近を列をなして通るアミメアリに対して，働き蜂が翅で飛び散らすことも観察されるが，あまり効果はみられない(図50)．両種とも直接的な害敵としては重要でないと考えられるが，ハチを刺激する可能性を考え，市販の薬剤(商品名：アリアトール，販売元：武田園芸資材㈱)をアリの通り道に処理して防除している．その他，トゲアリは巣箱の周辺に現れ死蜂や蛹を運搬する(図50)．

ミツバチヘギイタダニ

働き蜂や雄蜂の巣房内の幼虫や蛹，さらに成虫の体外に寄生しているのが確認されている(図50)．しかし，愛媛県下の26群の自然巣から4,254匹の働き蜂を採集して，ミツバチヘギイタダニの寄生の調査を行ったが，1匹のダニも見い出せなかった．また巣箱の底に堆積した巣屑の中からは，調査した20群の内10群から計34匹のダニの死体を検出しただけであった．ダニはニホンミツバチ上で確かに生活しているが，蜂群内での寄生率はきわめて低いことが確認された．そのためセイヨウミツバチで実施されているミツバチヘギイタダニの防除策は必要としない．

その他の害敵

クロゴキブリは巣箱の中に好んで入り込み(図50)，ハチには害を与えることはないが，巣箱内で生息しているのがみられる．カニグモの仲間(図

50)，オオカマキリは働き蜂を捕らえることがあるが，巣箱に入り込むことはない．ヒキガエル(図51)は巣門付近に現れて働き蜂を捕食する．他にナメクジ，カマドウマ，ワラジムシ，ムカデなど同居している小動物は20数種にも及んでいるが，大きな被害はない．

(5) 給餌法

図51 巣門の前で働き蜂を捕食するヒキガエル

給餌は蜂群管理の重要なポイント

ニホンミツバチは群内の貯蜜が低下するとすぐに逃去する習性があるため，飼育環境によっては給餌は重要なポイントとなり，蜂群状態に応じて補給することが重要である．通常の給餌は，砂糖と熱湯を1：1で混合した50％の砂糖水を作り，常温にしてから給餌器に入れて与える．春先の建勢期(けんせいき)は，女王蜂の産卵を刺激するために，巣板の上桟上に小さな容器を乗せ，50〜100 mℓ程度を3〜5日与える．梅雨時期や越冬前には，給餌器に0.5〜1ℓを2〜3日連続して与える(図52)．給餌はセイヨウミツバチの盗蜂を防止するために，日没直後に実施する．

図52 給餌法
巣板の上桟上の小型容器（左）と給餌器（右）への糖液給餌

春先の産卵開始時や，交尾を終えて産卵を始めた群への代用花粉(例えば，商品名：ビーハッチャー，製造元：日本配合飼料㈱)の投与は，蜂児の成育に効果的である（図53）．また一般の群でも蜂児数が多く花粉の消費量の多い群では，代用花粉の給与が有効である．

(6) 越冬法

空の巣板は抜き取って消毒

図53 代用花粉の投与

女王蜂が健全で，働き蜂の数と貯蜜量が十分であれば越冬には問題はない．10月下旬までに十分な貯蜜があるように管理する．空の巣板は巣箱より抜き出し，密封した巣箱に巣板を入れてドライアイスで消毒(本誌50ページの秋期の項を参照)．巣門は板などで1/3程度に縮める．防寒対策は特に行わなくてよいが，巣箱の蓋の上にカバーをかけるなどの処理をすることも有効である．

(7) 繁殖の方法

ハチが増えたら巣板枠や巣礎枠を挿入

飼育を開始する巣箱内の蜂数は，小群の場合では，巣板が1，2枚で十分の場合もあり，確保した分蜂群の蜂量などによって巣板の枚数は異なってくる．AY巣箱には巣板が10枚入るが，ニホンミツバチでは，8～9枚群の強群になることもある．最初は蜂量に見合った巣板数を保ち，働き蜂が巣板全面をおおうように増えたなら，2枚群の場合は中央に，それ以上に巣板がある場合は，一番手前か，奥の巣板から2枚目に，直ぐに産卵が行われるように空の巣板を入れる．しばらくして働き蜂が巣板にあふれるようになったら同じように空巣板を挿入していく．

4～6月の流蜜期に巣礎を張った巣枠を同じように挿入しても巣造りが開始され，巣板が造られる．しかし，蜜源の少ない時期には，巣造りが完全に行われずに巣礎を噛んで，巣礎に穴を空けたりする．そのような場合には砂糖水を給餌すると造巣されるが，それも良好でない場合は巣礎枠を取り除く．

ニホンミツバチは，群によって蜂量は異なり，3年目を迎えた女王蜂の産卵が低下したり，その年に交尾した新女王蜂は，2年目に強群を造る傾向があるため，蜂群の状態によって巣板の挿入は異なってくる．ニホンミツバチでは，働き蜂が1枚の巣板両面全体に取りついている場合，その数は約2,500匹で，8枚巣板の強群になった蜂群は約20,000匹と考えられる．

王台の繭から分蜂時期を推定

分蜂が起こる繁殖時期には王台の観察が重要となる．王台は働き蜂の多くなった強群や2～3年目を迎えた女王蜂の蜂群で造られ，その数も1個から数個と予想がつかない．巣板の下に王台が造られている場合は，その上桟に画鋲などで目印を付け，毎日巣箱を開けて点検する．できれば王台の先端がふさがれた順番を記録しておく．生態の項でも述べたように，先端が塞がれてから2～3日目になると茶褐色の繭が完全に露出する（図54）．

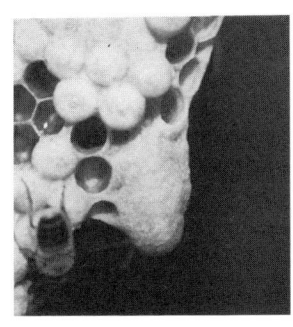

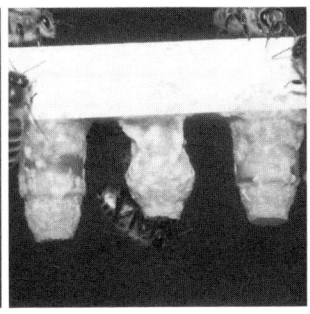

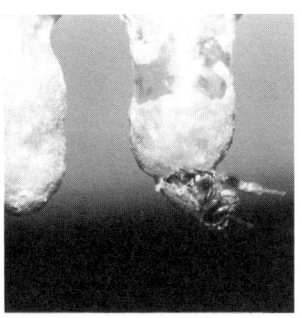

図54 自然王台と人工王台
王台先端のろうが働き蜂によって取り除かれ，繭が現れた王台(左)，プラスチック製と蜂ろう製の人工王台(中)，プラスチック製人工王台から羽化する女王蜂(右)

繭が現れてから5～6日目，新女王羽化1～2日前の風のない晴天の午前中に母女王である旧女王が分蜂し，多くの場合は近くの木に集合する．巣箱の前で観察できる場合は，分蜂後にその群を前述の捕虫網で採り，巣箱に移すことで群を増すことが可能である．分蜂1～2日後に王台先端の繭が噛み切られ，新女王が正常に出房したか確認する．新女王が羽化すると直ちに他の王台は噛み破られてしまう．

しかし強群の場合には，数個の王台がそのまま残っていることがある．そ

の際には，数日後に未交尾の新女王が飛び出す2次分蜂が起こり，元の群には再度新女王が羽化し，元群は3群に分かれることになる．3～4年目の女王蜂では，分蜂が起こらずに女王蜂が死亡することがある．その場合，新女王がそのままその群の女王蜂となる自然更新となる．

人工分蜂で群を増やす

　王台の繭が現れて新女王の羽化2～3日前に，新女王の羽化が一番早いと思われる王台のある巣板と2～3枚の巣板を残し，女王蜂を残りの巣板とともに他の巣箱に移す人工分蜂で群の増殖を行うこともできる．元の巣箱に戻るハチが多いので，女王蜂とともに移動する働き蜂数は多くしておくことが大切である．移動する巣板に王台のないことを確かめ，王台がある場合には切り取る．2～3日すると女王蜂は産卵を開始する．

　元の群に残した羽化が一番早いと思われる王台以外を切り取ると，残した王台をかじってしまい失敗することがある．この点はある程度の経験に頼ることになるが，王台は全て切り取らずに2～3個残しておいた方が安全である．羽化6日後から新女王の交尾飛行が開始される．そのため，内検はできるだけ蜂群に刺激を与えないように気を配り，特に，午後からの交尾飛行時間帯を避けて，午前中に行うようにする．

人工王椀による女王蜂の人工養成

　可動巣枠式巣箱の使用によって，蜂ろうおよびプラスチック製の王椀（おうわん）を用いた女王蜂の人工養成が可能となる．ニホンミツバチの女王養成は，セイヨウミツバチのように2段巣箱の間に隔王板を用いる方法ではなく，王台が造られる4月下旬～6月上旬の繁殖時期に隔王板を用いずに行う．

　ニホンミツバチの蜂ろうで造った内径6.7mmの王椀や，市販の内径6.7mmのアクリル管を長さ10mmに切り，底部に厚さ1mmのプラスチック板を張り付けて作成した王椀に孵化後1日齢の働き蜂幼虫を移虫し，王台を造り出した蜂群に導入する（図54）．

　蓋がされ，完成した正常な人工王椀は，女王蜂の存在しない無王群（むおうぐん）の巣板の下に取り付ける．多少の差があるが繭が露出してから6～7日後に女王蜂

が羽化する(図54).

無王群・働き蜂産卵群の処置

　新女王蜂の交尾が成功したかどうかを確認する際に産卵が認められても,楽観することはできない.新女王蜂が事故死して無王群になったり,交尾失敗などの不測の事態が起こった場合,蜂群は,働き蜂産卵や未交尾女王蜂による産卵が開始される.雄巣房(おすすぼう)の場合は,蓋部分が少し飛び出ているので見分けることができる.数日後には有蓋(ゆうがい)巣房の中央に雄蜂の特徴である小孔(しょうこう)が認められるので,はっきりと判定できる.

　未交尾女王蜂による産卵の場合は,その女王蜂は蜂群から取り除き,他の群から巣房中に孵化直後の若い働き蜂幼虫のある巣板をその群に導入して変成王台を造らせるか,人工王椀で養成した人工王台を導入する.働き蜂産卵の蜂群も同様な方法を用いることができる.変成王台による女王蜂の確保は,雄蜂が羽化する前にこの操作を実施することが重要である.

　人工養成で交尾女王蜂を確保している場合は,女王蜂を王かごに入れて,4~5日間,蜂群の巣板間に置き,その群に女王蜂のフェロモンを馴染ませてから,女王蜂を王かごから出して導入する.しかし,ニホンミツバチは働き蜂産卵が開始されると,女王蜂の受け入れが困難になるため,導入時期がきわめて重要になる.

弱小群の合同

　女王蜂が確保できない無王群や,越冬が困難な弱小群は有王群と合同する.弱小群の女王蜂は取り除き,合同はハチが帰巣した夕刻に行う.有王群の巣箱の蓋を取り,ハチが出ないように蓋の代わりに新聞紙を1枚置き,その上に合同する蜂群の巣箱を乗せて巣門は閉じる.AY巣箱は底板部分が分離できるため,合同の際にも便利である.新聞紙にはハイブツールでひっかききずのような小さな穴を数箇所開けておく.2~3日後に新聞紙の小穴が破られ,上下巣箱の働き蜂が行ききしていることを確認できたならば,上の巣箱の働き蜂を下の巣箱に移して合同が完了する.

Ⅴ 野生群の営巣場所

1. 樹幹内や開放空間

北限は青森県下北半島

ニホンミツバチの野生地の北限は青森県下北半島(下北郡東通村)であることが,1957年にカシワの木の空洞内に生息した群により確認されている.

私は1996年5月下旬に下北半島の青森県上北郡横浜町周辺でニホンミツバチの調査を行ったが,野生群を発見することはできなかった.しかし,青

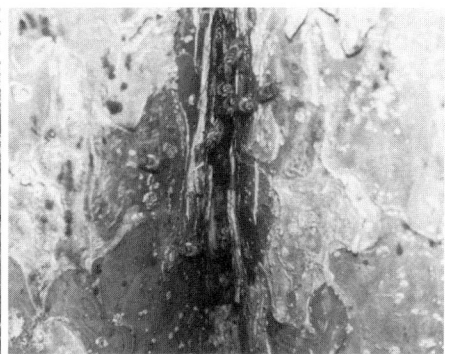

図55 リンゴの空洞内の営巣(左,矢印)と巣門の働き蜂(右)
(青森県南津軽郡,1996,5)

森県南津軽郡浪岡町のリンゴ園内で3群の野生群を見ることができた(図55).これらの営巣空洞は地上より1.5〜2 mと低い場所であった.冬季の吹雪時に入口から雪が入り込むものの,この地域の積雪は少ないため雪にお

おわれることはなく，毎年営巣が継続されている．

樹種はさまざま

ニホンミツバチの営巣している樹種は広葉樹，針葉樹の区別は特にない．岩手県二戸市では神社内のスギや町中のカシワ，東京都町田市ではイトヒバの根本にある空洞であった．同じ町田市のカシワの空洞では1993年より5年間営巣が継続された（図56）．神奈川県湘南地域で1989年から4年間に16カ所の営巣場所が確認されている．それによると12カ所は雑木林とその林縁部，神社や公

図56 カシワの空洞内での営巣
(東京都町田市，1993, 5)

園内の樹木である．しかし，営巣の継続は年々減少しており，その原因は宅地化が進行している中でヒトとハチとの接触によって起こる蜂群の駆除によるものである．

ニホンミツバチの野生群は樹幹(じゅかん)の空洞を初めとして，多くは閉鎖空間に営巣(そう)するが，開放空間に自然巣が作られることもある．1996年3月〜11月の間，町田市役所生活環境課や公園管理課より自然群処理の依頼を受けたり，周辺の市町より直接連絡を受けて野生群の営巣状況の調査や蜂群の回収を行った．野生群18群の内，開放空間の自然巣が公園内のフジ棚の下や個人住宅内のカキの木(図57)に3群がみつかった．

2．木箱や空き缶

営巣場所として好まれる木箱

放置しておいたセイヨウミツバチの空巣箱(から)やリンゴ箱などの木箱は，野生群の営巣がしばしば確認され，ニホンミツバチの好む空間である．神奈川県

62

V 野生群の営巣場所

図57 開放空間の自然巣
上段:公園内のフジ棚に造られた自然巣(東京都町田市, 1996, 6)
下段:住宅内のカキの木に造られた自然巣(神奈川県横浜市, 1996, 8)

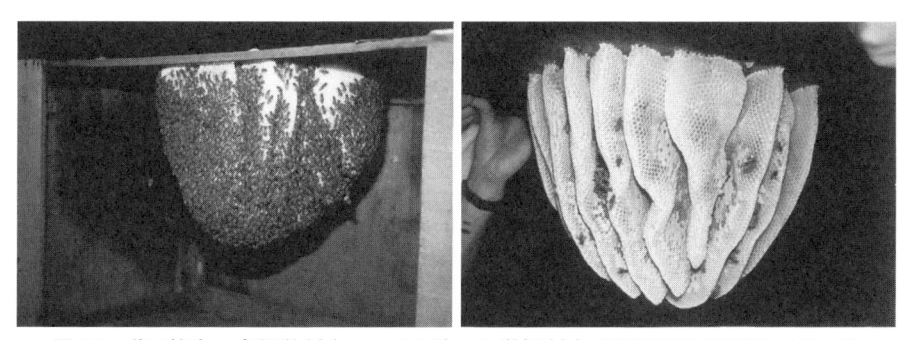

図58 道具箱内の自然巣(左)とハチを除いた巣板(右)(神奈川県相模原市, 1987, 6)

相模原市で造園用の道具箱として利用していた箱に自然巣ができ，蜂数の非常に多い群を形成していた(図58)．珍しいものは，キイロスズメバチの古巣を利用した自然巣や，1994年に東京都府中市で見つかった一斗缶内の営巣がある(図59)．

図59 一斗缶内に造られた自然巣
(東京都府中市，1994, 5)

3．人工の建造物

営巣場所を巧みに見つける

これまで家屋の天井裏，床下，物置小屋，雨戸の戸袋，神社のほこら，石灯籠，墓石の納骨場所，土管，炭焼きがまの内部などに自然巣が造られていることが報告されている．

自然巣が見つかると，「よくも，このような場所を探し出すものだ」と関心させられることが多い．1993年に神奈川県相模原市当麻で見つけた家屋床下の自然巣は，広い空間と蜜源の多い周囲の環境から，巣板6枚からなる大きな群であった(図60)．

1985年に山梨県北巨摩郡白州町にある神社のほこらの床下に営巣していた自然巣を調査する機会を得た(図61)．神社の好意で床を切り取り，巣全体を取り出すことができた．この自然巣は巣板12枚からなり，重量は7.1 kgであったが，調査時には女王蜂のいない働き蜂産卵群となっており，約7,000匹の働き蜂，1,200匹の雄蜂，それに働き蜂巣房中で発育中の700匹の雄蜂の蛹で構成されていた．

図60 家屋床下の自然巣
(神奈川県相模原市，1993, 9)

V 野生群の営巣場所

図61 神社のほこらの床下の自然巣(左；矢印の場所が巣門)と取り出した自然巣(右)
(山梨県北巨摩郡, 1985, 7)

1990年に神奈川県相模原市上鶴間の屋敷内に設けられた小さなほこらに営巣が見られた(図62)．コンクリート土台と床の間の通気口が巣門となり，高さ20 cmの床面全体に造られた自然巣には驚かされた．物置小屋の自然群としては，1996年に神奈川県海老名市郊外の家屋内の使われていない物置に，自然巣が3年の間，継続して造られた．

石灯籠やコンクリート製の土管内に自然巣が確認されている．さらに，コンクリート製の土留め石垣の隙間も営巣に適している場所であり，長崎県島原半島(1986年)と神奈川県横浜市(1993年)に確認することができた．長崎県島原半島の自然巣は雲仙岳への登山道の途中で，50 mほどの石垣に12群が営巣していた．これらの群は母群がどれであるかを確認できなかったが，

図62 小さなほこら内の自然巣(左；矢印の場所が巣門)と床一面の巣板(右)
(神奈川県相模原市, 1990, 3)

生息密度は非常に高いものであった(図63)．横浜市の場合は，市営住宅の奥にある石垣で，住宅の間を飛び交う働き蜂による洗濯物への糞害(ふんがい)に3年間も悩まされていたという．住宅自治会の強い要望で，残念ではあったが石垣の巣門を閉じるほか手だてはなかった．

図63 コンクリート製の土留め石垣内の営巣
（長崎県島原，1986, 5）

VI 日本各地での伝統的飼育法と採蜜

　日本各地で続いているニホンミツバチの伝統的な飼育は，実に様々な巣箱が用いられ，特徴的な採蜜法や採蜜道具の工夫がみられる．巣箱の構造，分蜂群の取り扱い，採蜜方法からニホンミツバチ養蜂が大きく3つの型に分類されている．第1は空の巣箱に分蜂群が営巣するのを待ち，採蜜時に蜂群を逃亡させるか死滅させ，内部の巣をすべて取り去る原初的養蜂である．第2は所有群からの分蜂を捕獲し，採蜜時に巣板の一部を残し，蜂群を維持する継続的養蜂．第3は可動巣枠式巣箱を用いる近代的養蜂である．
　現在，日本各地で営まれている伝統的養蜂は，これらの3型に類型化できると考えられるが，セイヨウミツバチで行われているような産業養蜂は確立されていなく，趣味的養蜂が一般的である．日本各地での飼育法や採蜜法を紹介したい．

1．福島県・会津盆地

福島県の巣箱はキリ

　東北地方の伝統的養蜂についての報告は少ないが，岩手県二戸市および九戸村で，古木の丸太巣箱での飼育が確認されている．
　福島県大沼郡会津高田町大字東尾岐では，厳寒，豪雪のなかで越冬したニホンミツバチが多数みられ，特徴的な養蜂が行われている．ニホンミツバチは「ヤマバチ」，セイヨウミツバチは「アツカイバチ」，巣箱は「ミツバチタッコ」と呼ばれている．

図64 福島県会津地方の巣箱，ミツバチタッコ

図65 薬師堂に並べ，分蜂群の飛来を待つタッコ

　ミツバチタッコは，この地方に多く植えられているキリが使われ，この幹の空洞になった丸太が利用されている．その他にスギ，サワグルミ，ケヤキが用いられる．直径30～50 cmの幹を長さ50～60 cmの輪切りにして，のみなどを用いて内部の空洞を内径30 cmほどに広げている(図64)．5，6月の分蜂期に空のミツバチタッコを適当な場所に置き，分蜂したヤマバチがタッコに飛来するのを待つのである(図65)．営巣後はそのまま飼養して，10月～11月に採蜜する．採蜜時には蜂群を逃亡させるか，巣箱に残ったハチ

図67 横置きにした丸太巣箱

図66 クマの被害から守るために高所に置かれたタッコ

は焚火で燃やし死滅させる．巣箱内の巣板は全て取り去り，鍋で煮て，蜜とろうを分離してハチミツを得る．採取したハチミツはほとんどが自家用として利用するか，親類や隣近所に分配される．翌年，再び野生群の捕獲が繰り返される原初的な養蜂である．

　この地方でヤマバチの最大の害敵はツキノワグマである．クマからの被害を回避するために，鉄パイプを組んだ足場を用いてタッコを高所に置くなどの工夫がなされている（図66）．東尾岐よりさらに奥地の集落である琵琶首地区では，大きなキリの丸太を横置きにした巣箱がみられる（図67）．

2．長野県・伊那谷

熊野地方の流れをくむ伊那谷

　南アルプスと中央アルプスにはさまれた伊那谷の3市8町17村でニホンミツバチの調査が行われている．伊那谷でのニホンミツバチの飼育者は318名で，飼育数は1,208群と判明したが，実際には1,500群を越える群が飼育されていると思われ，長崎県対馬や和歌山県熊野地方に劣らない日本有数の飼育規模が確認されている．

　伊那谷では，巣門の形，巣箱保温の材料，巣箱の架台，巣箱の屋根部分の形態に工夫がほどこされている．巣箱の設置型として，縦型の巣箱を家の壁や樹木にとりつける「壁掛け型」，縦型の巣箱を地面に置く「縦置き型」，そして福島県琵琶首でみられた横型の巣箱を地面に置く「横置き型」の3つに大別される．

　さらに伊那谷で注目されるのは，外周の直径35 cm，長さ55～60 cmのミツバチ用の蜜桶が各地に残されているとのことである．この蜜桶は，江戸時代に紀州熊野の養蜂が紹介された『日本山海名産図会』に描かれている桶に類似しており，幸運にも発見された「熊野蜜御入」と書かれた蜜桶の蓋から，蜜桶養蜂は熊野から伝承されたのではと考えられている．

3．京都・花背別所

採蜜時に使われるゴザ

　京都の北山奥地の関門にあたる京都市左京区花背別所町でのニホンミツバチについての報告がある．巣箱の材質にはスギかマツが使われ，セイヨウミツバチに用いられている巣板が6枚入る輸送箱程度の大きさで，底板が開閉できるようになっている．この巣箱を毎年春になると，マチ箱(待ち箱)と称してまわりの山々にしかけ，分蜂群が入るのを待つのである．分蜂群が入った巣箱は，天秤棒でかついで自宅へ運び，家の周辺で秋まで飼って蜜を採る．蜜源はトチ，クリ，レンゲ，ウツギ，ホウノキ，シソ，イタドリなどがあげられている．

　採蜜には「ゴザ」が使われる．ゴザの一方をくくって円錐形にひろげ，その内側に底板を取った巣箱をひっくり返して置く．巣箱をトントンとたたくと，ハチはゴザの上に登っていく．ハチが全部ゴザに入ったところでヒモで下部をしばり，ハチを閉じこめ，ゴザごと池などの水中に沈めてハチを殺してしまう．ハチのいなくなった巣箱の巣板は全て切り取り，底と側面に小さな穴を開けた一斗缶に入れて自然に垂れ落ちる蜜を別の容器に受け取る福島県東尾岐地区と同様な原初的養蜂である．ここでもクマによってマチ箱が相当被害を受けるようである．この地域とは異なるが，京都市福知山市ではクマの被害にたまりかねて，納屋の2階に巣箱を置いているのがみられた(図68)．

図68　クマの被害から守るために納屋の2階に置かれた巣箱

4. 紀伊半島南部，熊野地方

ニホンミツバチのメッカ

紀伊半島南部の熊野地方の養蜂は，江戸時代の『日本山海名産図会』にその様子が描かれている．明治にかけては「蜜市」こと貞市右衛門によって養蜂が大成され，現在でも「熊野蜜」の産地であり，その養蜂形態について多くの報告がある．

ニホンミツバチは，「やまばち(山蜂)」「やまんばち」「わばち(和蜂)」「みつばち(蜜蜂)」「やまみつばち(山蜜蜂)」と地域によって様々に呼ばれている．巣箱には幹が空洞になったサクラや，ツガ，モミが好まれるが，最近では直径 40 cm ほどのスギを 50～60 cm に切り，中を内径 30 cm にくり貫いたものや，スギ板などで作った直方体のものが巣箱となっている．

巣箱もまた地域によって様々に呼ばれており，「ゴーラ」「ゴーバ」「ウトー」「ウロー」「ミツダル」などである．分蜂群の飛来を待つ空の巣箱が山中に置かれ，「待ちゴーラ」「待ちウトー」「待ちダル」と呼ばれている．「待ちゴーラ」の 10～40 % に分蜂群が入り，盆前後に年 1 回の蜜切り(採蜜)を行う．蜜源はウメ，アセビ，ヒサカキ，サクラ，レンゲ，シイ，トチノキ，クリ，カキ，ナンテン，サカキ，ハギ類，イタドリなどである．

採蜜は巣板全部を切り取ってしまう原初的な方法から，冬期の全滅を防止するためにゴーラをひっくり返して，底面から天井までの約 60 % を切り取る方法，ゴーラをひっくり返して，ゴーラの底にサクラの樹皮で作った円筒形の筒を乗せ，その筒にハチを移動させてから巣板の約 60 % を切り取る方法などがある．採蜜量はゴーラ当たり最高で 12 kg(5 升)，通常は 5～7 kg(2～3 升)である．分蜂群を誘き寄せる「ツリカワ」と呼ばれる分蜂群誘導器が使われている．

西牟婁郡すさみ町では，巣箱は「オケ」，飛来を待つ空巣箱は「待ちオケ」と呼ばれている．「オケ」にはペンキが塗られているが，ハチの飼育や分蜂群の飛来には全く影響ないとのことである．スズメバチの攻撃や，ハチノスツヅリガの成虫が巣箱の壁に産卵するのを防止するために，「オケ」に

図 69 和歌山県での伝統巣箱「オケ」による採蜜

上から，1段目左：ペンキが塗られ，金網を取り付けたオケ　右：オケを台から下ろし，ひっくり返して地上に置く　巣板はハチで覆われている

2段目左：空のオケをかぶせ，下のオケを棒でたたいて，ハチを空のオケに移動させる　中：ハチが移動して巣板だけが現れる　右：自作の巣板用のホークを刺し込んで巣板を固定し，蜜切り刀で切り取る

3段目左：切り取られた蜜巣板　中：5枚の巣板を残して，7枚の巣板を取り去る　巣板はその場で蜜の部分とそれ以外の花粉，蜂児部分が分けられる　右：オケは元の場所に置き，空オケ内のハチを手ですくい取りながら戻す

は金網を取り付けるなど工夫がみられる．採蜜は7月に行われ，遅くても8月上旬までに終了する（図69）．一般に5〜10 kg（2〜4升）の採蜜がある．

　紀伊半島の中央部で熊野地方に近い，奈良県吉野郡十津川村では，巣箱はスギ板作りの箱の前後の戸が取り外せるもの，底板が取り外せるもの，ゴーラ型のものが使われ，分蜂群誘導器も熊野地方と同じ形態のものが利用されている．

5．四国・愛媛県

伝統的な採蜜法

　愛媛県は長野県や紀伊半島と同様にニホンミツバチ養蜂の盛んな地域である．上浮穴郡美川村ではニホンミツバチを通常「ミツ」「ジミツ」と呼び，セイヨウミツバチは「ヨウミツ」と呼ばれている．

　巣箱は「ミツドウ」「ドウ」といわれ，形態や材料の違いから2種類に分かれている．1つはスギ，サルスベリ，カキ，ツガ，クリの30〜40 cmの幹を長さ36〜45 cmに切り，外側から3〜5 cmの厚みを残してくり貫いた丸洞である（図70-1）．丸洞には冬の防寒や乾燥によるひび割れを防ぐためにムシロ，コモ，古い畳表を巻き付ける（図70-2）．もう1つはクリなどの厚さ1〜1.5 cm，縦35〜50 cm，横30〜40 cmの板材を4枚張り合わせた角洞，箱洞である（図70-3）．これらも，冬期間はムシロを巻き付ける．また愛媛県では，軒下につり下げる巣箱がみられる（図70-4）．

　採蜜には京都花背別所でみられたような「ムシロ」や「コモ」が使われているが，ハチを全て殺してしまうことはなく，継続的な養蜂が行われている．丸洞や角洞の巣箱は天地をひっくり返し，底の部分を覆うように円錐状のムシロを被せる（図71）．巣箱の側面を棒でたたき，女王蜂がムシロへ移るのを注意深く観察しながら，ほとんどのハチをムシロに追い出す（図71）．ムシロの上部にはハチが逃げないように布が詰めてあり，ハチが入ったムシロは巣箱から静かに外して巣箱のあった場所に立てかけておく．ハチを除去した巣箱内の巣板を一部は手ではがし取り，残りは専用の「蜜切り刀」と呼ば

図 70-1　愛媛県の丸洞（左上）

図 70-2　ムシロを巻いた丸洞（右上）

図 70-3　板材の角洞（左下）

図 70-4　軒下につり下げた角洞（右下）

れる採蜜用の道具で切り取る．巣箱内の巣板の2〜3枚を残してムシロ内のハチを巣箱に戻し，元の場所に設置する(図71)．採取した巣板の蜂児部分は取り除き，蜜と花粉の部分をザルに入れて垂れ蜜を取る．採蜜量は1群

図 71　愛媛県での採蜜
左：巣箱をひっくり返して，円錐状にムシロを被せる．中：巣箱の側面を棒でたたいて，ハチをムシロに追い出す．右：2〜3枚の巣板を残して，他は全て取り去る

2〜5 kg(1〜2升)である．

6．西中国山地周辺

問題になるのはクマの被害

　西中国山地は島根，広島，山口の3県にまたがる地域であり，この地域での伝統養蜂が報告されている．巣箱は「ミツドウ」と呼ばれており，スギ，クリ，アカマツの大木をくり貫いた筒型，スギを材料とした長方形の板使用型，スギ板の立方体の箱を積み重ねた重箱型の3型式がみられる．巣箱は石台や平らな板の上にのせる方法や愛媛県でみられる軒下につり下げる方法がある．分蜂群を収容するために，ハチの入っていない「ミツドウ」を山中に設置することは行われていない．その大きな理由としては，クマの存在による被害によるものと考えられている．

図72 山口県美祢市で軒下につり下げられた重箱式巣箱

図73 地上に設置された重箱式巣箱

7．山口県西部，北九州

重箱式は江戸時代から使われている

　山口県西部の下関市，美祢市，北九州市若松で報告がある．この地域での特徴は重箱式で，厚さ2cmのスギ材で25×27cm，高さ10～12cmの枠を作り，それを重ねたものである．枠の中央には，巣板の落下を防止するための竹が十文字にはめ込まれている．軒下つり下げ型や(図72)，地上に設置型がある(図73)．採蜜時は箱と箱の隙間に針金や魚つり用のワイヤーを入れ，それを引っ張りながら巣板を切り，重箱を分離する方法が取られている．

8．長崎県・対馬

ニホンミツバチだけが生息している唯一の島

　紀伊半島南部の熊野地方と同様にニホンミツバチの飼育が盛んな対馬の伝

図74　対馬の蜂洞
上左：丸洞と角洞　上右：山間地に配置した蜂洞　下左：家の周辺に置かれた蜂洞
下右：蜂洞が造られる丸太材

統的養蜂については，これまで多くの報告がある．対馬養蜂の歴史については，古くは元禄年間に書かれた陶山訥庵(1657～1732)の『津嶋紀畧乾』に「養蜂は継体天皇(507～531)の頃，太田宿禰が山林より巣をとって飼育する方法を村人に教えた」という記録があり，文献の出処は不明であるが，対馬でかなり古い時代よりニホンミツバチが飼養されていたようである．江戸時代になるとかなりのハチミツが生産され，朝鮮使節への差し入れ，将軍，諸大名への進物にハチミツが用いられていた記録が対馬藩日記などに残されている．現在でもニホンミツバチとの関わり合いが深く，ハチミツは秋の祭り時期に「だんつけ餅」「蜜餅」として楽しまれている．

　対馬での飼養者は2,000人，蜂群数は2,700～4,000群と推定されている．対馬の伝統的巣箱は，「ハチドウ」「ハットウ」「ドウ」と呼ばれる蜂洞である．蜂洞は直径28～47 cm，長さ54～92 cmのヒノキ，スギ，ハゼノキ，

ケヤキなどの丸太材の中央を16～26 cmほどにくり貫いた円筒形の丸洞が主体である．また板材を使用した角洞や重箱式が一部使われている(図74)．飼養者は平均5～10本の蜂洞を所有しており，空の洞は山間部に配置して分蜂群の飛来を待ち，分蜂群が入った蜂洞はそのまま山間部に置いたり，家の近くに持ってくる．すでに営巣している蜂洞の近くには熊野地方で使われているような分蜂群誘導器の設置がみられた(図75)．

図75 蜂洞の近くにつり下げた分蜂群誘導器

対馬にはクマが生息していないため，本州以南で問題になるような山間地に置かれた蜂洞の被害は全くない．ただ大きな被害ではないが，ミツをねらう害敵動物として上げられるのはツシマテンで，その対策とし

図76 有刺鉄線でツシマテンの被害を防ぐ

て巣門の周辺に有刺鉄線が巻かれている(図76)．対馬でニホンミツバチに大きな被害を与える害敵がいないことがニホンミツバチの生息密度や個体数を保たせ，そのために養蜂環境が維持されてきていると考えられる．

蜜源は3月～7月のツバキ，ヤマザクラ，シイ，カエデ，センダン，ハゼノキ，クリ，ネズミモチから，8月～10月のヌルデ，クズ，モッコク，アキニレ，カラスザンショウ，ソバなどである．採蜜は秋ソバの開花後の10月中旬から11月上旬に1回行われるのが一般的である．

蜂洞にセイヨウミツバチで使われている継箱と同様に貯蜜用の「継ぎ洞」を乗せた改良型もみられるが(図77)，一般的には蜂洞上部の巣板を切り取る方法である．蜂洞の蓋を軽くたたき，ハチを洞の下方に移動させる(図78)．蓋を取り，専用の「蜜切り刀」で上部の巣板を1/3ほどを切り取るが，

VI 日本各地での伝統的飼育法と採蜜

図77 蜂洞の上に乗せた継ぎ洞

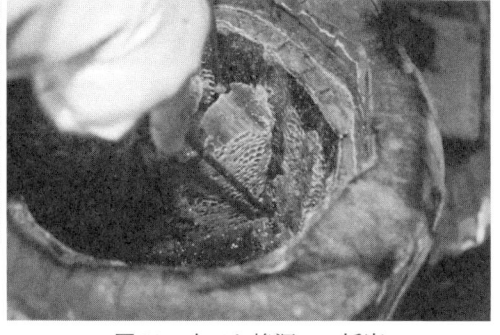

図78 立てた蜂洞での採蜜
上：蜂洞の蓋を軽くたたき，洞の下にハチを移動させる 下：上部の巣板を切り取る

図79 横転させた蜂洞での採蜜
左：横転させた蜂洞を一人が下方を持ち上げて支え，巣板を切り取る 右：蜂洞下部に移動した働き蜂

79

蜜がたれ落ち，盗蜂(とうほう)が飛来して大騒ぎになることがある(図78)．蜜のたれ落ちは採蜜時の悩みであるが，それを解消するために蜂洞を横転する方法を用いるところもある．蓋を軽くたたき，ハチを下方に移動後，蜂洞を横転させる．一人が下方を持ち上げて支え，もう一人が用意した容器に蜂洞上部の巣板を切り取るのである(図79)．

　対馬では，蜂洞を改良した厚さ3 cmの板で作った外形27×34 cm，高さ19～24 cmの重箱式の巣箱が使われている．この巣箱による採蜜法について紹介したい(図80)．採蜜期を迎えた重箱式の3段巣箱を上部が傾斜する専用の台に乗せ，切り取った巣板を入れるための容器をその下に置く．蓋を取り外すと蜜の入った巣板が剝(は)がし取られ，燻煙器でハチを巣箱の後方に移動させると，ハチがあふれ出てくる．先端の形状がことなる2種類の蜜切り刀で巣板を切り取り，下の容器に落とし入れる．この重箱式の巣箱の中央には，巣板の落下防止のために竹の横棒が2本取り付けてある．貯蜜の状態にもよるが，通常は2段目の中央まで切り取る．採取された蜜巣板は，ザルの上に置かれた晒(さらし)の上に入れ，その上で細かく砕き垂れ蜜を一昼夜かけて採取する．採蜜量は山間部と家の周辺で異なるが，1群から2～5 kg(1～2升)が平均的で，1群から10 kg(4升)を2年間連続で取った記録もある．

　対馬にはセイヨウミツバチが一時導入されたという情報もあるが，1989年からの調査でセイヨウミツバチを確認していないため，ニホンミツバチだけが生息する日本で唯一の島である．

9．伝統的な巣箱による飼育と採蜜

伝統的な巣箱は重箱式が便利

　日本各地での様々な伝統的な飼育法について述べたが，可動式の巣枠を用いない方法であれば，ニホンミツバチは木箱や木樽(きだる)に蜂群を導入して飼育することは容易にでき，またそのような状態の群を手に入れることも可能である．

　巣箱として，対馬の蜂洞などのような丸太の中央をくり貫いたタイプのも

図80 対馬での重箱式巣箱による採蜜
上から，1段目左：春先，庭先に置かれた重箱式の3段巣箱　右：傾斜した専用台の上に蓋部分を下にして重箱式巣箱を乗せる．下部には切り取った巣板を受ける容器を置く
2段目左：蓋を取り外すと巣板が剝がし取られる　中：燻煙器で煙を軽くかけて，ハチを移動させる　右：巣門部に溢れ出た働き蜂
3段目左：巣板を切り取るための蜜切り刀　右：蜜切り刀で巣板を切り取り，下部の容器に入れる
4段目左：切り取った巣板　中：巣板落下防止の横棒が付いている2段目中央まで切り取る　右：巣板を砕き，垂れ蜜を取る

のは，趣味養蜂家が自作したり，入手するのは困難な点もある。一方，直方体の巣箱はスギ板などで簡単に作ることができるが，愛媛県での飼育方法などをみると，採蜜にはそれなりの技術と経験を要すると思われる。

　趣味養蜂で重要なことは蜂群の管理や採蜜であるが，重箱式巣箱による飼育法は，その点は適していると考えられる。重箱式巣箱に使われる木枠を組んだ木の厚さ，外形，高さは様々である。図81に示した重箱式の木枠は，厚さ3 cm の材を 27 cm×27 cm，高さ 29 cm に組み，最下部の木枠には巣門(すもん)を設けている。

　蜂群は 3～4 段重ねにした箱に入れ，巣箱を斜めにして底の部分から蜂群を観察する。数枚

図 81 伝統的な養蜂に適している重箱式巣箱

図 82 重箱式巣箱での採蜜
　1 段目と 2 段目の間に針金を入れ(左)引っ張りながら巣板を切り取る(右)

の巣板が下の枠まで垂れ下がり蜂群が増えたときには，木枠を下に加えて1段高くする．

　採蜜可能な状態になった重箱では，最初に重箱の蓋部分を軽くたたき，ハチを下の方に移動させる．針金を最上部とその下の木枠の間に入れ，針金を引っ張りながら巣板を切り取る(図82)．条件によっては，2段目や3段目も切り取ることができる．巣板は木枠から切り取り，晒を敷いたザルの中で切り取った巣板を細かく砕き，垂れ落ちる蜜を容器に採取する．

VII　ニホンミツバチの新たな利用

　日本固有の野生種であるニホンミツバチは，豊かな森や営巣(えいそう)に適した古木が減少している中にあっても，人工の建造物に棲(す)みつき，たくましく生きているように思われる．この貴重なミツバチを守り，健全な生息を維持していくためにも，よりよい環境を保持し，さらに復活していきたいものである．

　ニホンミツバチは，野生群の生息場所の多様性，温和な性質，高い耐病性，害敵に対する抵抗性，低温下での訪花活動といった優れた資質を持ち合わせている．しかし，逃げやすい，分蜂(ぶんぽう)しやすい，観察時に騒ぎやすい，集蜜力が小さい，盗蜂(とうほう)がつきやすいなどの欠点があげられる．現在のところニホンミツバチはセイヨウミツバチのような産業養蜂種として利用されてはいなく，またそのように育成すべきかは判断を要するところである．

　趣味的養蜂としてニホンミツバチの飼育は，日本各地で伝統的に継承されてきたが，今後の蜂群確保や新たな利用法が考えられる．

1．蜂群の確保

逃げられない工夫
　アジア各国でトウヨウミツバチ養蜂の振興の際に蜂群が巣を捨てて逃げる逃去性(とうきょせい)は，飼養管理上最も不利な性質である．ニホンミツバチにもそれは受け継がれており，よく逃げられる．ニホンミツバチの一般的な趣味養蜂の範囲では，「ハチミツを多く採ろう」という生産性についてはあまり関心が払われていない．それよりも「逃げられない」ように，うまく，長く飼う楽し

みが優先している．しかしハチミツの生産性に関心が集中している地域では，逃去が起こるとハチミツ生産は無となるため，その落胆は倍増する．逃去の原因としては，貯蜜の減少やハチノスツヅリガ幼虫の繁殖があげられる．セイヨウミツバチの盗蜂による貯蜜の減少は，逃去を早める原因でもある．そのため巣箱や蜂具(ほうぐ)に工夫が凝らされている．これまでに述べた可動巣枠式巣箱は，蜂群内部の観察やハチノスツヅリガ幼虫の繁殖の原因となる巣屑(すくず)の除去を容易にし，盗蜂防止器は盗蜂の侵入を十分阻止できるものになっている．縦長巣板のニホンミツバチでの有効性が指摘されており，インドネシア森林省でのAY巣箱と他の巣箱の検討からも，縦長の巣枠を用いる巣箱がトウヨウミツバチの標準巣箱となる可能性もある(図83)．

図83　インドネシアで使われているAY巣箱
　　　従来型の巣箱とAY巣箱(左)，AY巣箱の巣板(右)

女王蜂の人工養成と人工授精

　ニホンミツバチの高い分蜂性は，蜂群を手に入れるためには有利な点でもあるが，飼育群を確保していくためには逃去性と同様に問題となる．可動巣枠式巣箱では，人工分蜂が可能であることは重要で，蜂ろうやプラスチック製の人工王椀(おうわん)を用い，人工養成で女王蜂を確保することも考えられる．また，その養成女王蜂と人工授精を組み合わせることも可能である．ニホンミツバ

チ女王蜂の人工授精は，刺針室の開口位置などセイヨウミツバチとの技術上の相違点が見いだされており，実用的な人工授精技術が確立されている(図84)．人工授精の応用によって，逃去性や分蜂性などの性質を低下させる選抜育種や，在来種としての保護策にも寄与できると思われる．

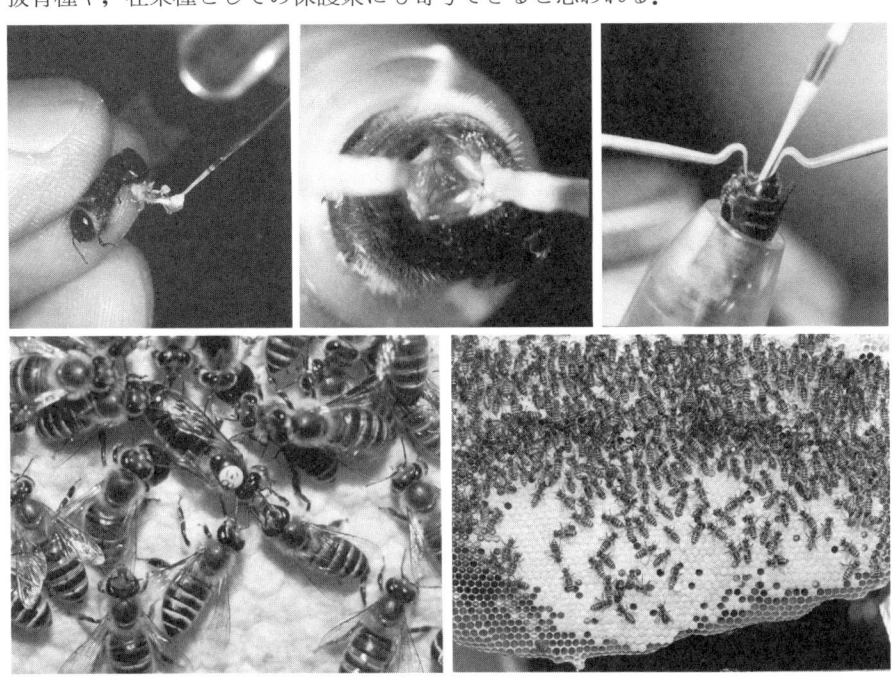

図84 ニホンミツバチの人工授精
上左：ガラスチップへの精液の採取　上中：女王蜂の生殖口を開いて鉗子で固定する
上右：精液の注入
下左：人工授精女王蜂　下右：人工授精女王蜂による有蓋巣房

2．採　蜜

可動巣枠式巣板での採蜜
　伝統的巣箱による採蜜は，蜂群を逃亡させるか死滅させ，内部の巣を全て取り去る方法や，貯蜜巣板だけを切り取る方法が行われているが，ハチの損

失を伴うことにつながってくる．伝統的巣箱での採蜜量は，通常1群当たり2〜5 kgで，外国でのトウヨウミツバチからの採蜜量をみると，中国では5 kg，ベトナムで2〜10 kgと大きな差はない．可動巣枠式巣箱での採蜜量は，蜜源の少ない地域で1〜2 kg，多いところでは2〜4 kg程度と，伝統的巣箱と比較して一般的に少ない．しかし可動巣枠式巣板は遠心分離器を用いることができ(図85)，巣板を継続的に使えることは，蜂群を継続的に管理し，増殖する上で重要な点になってくる．

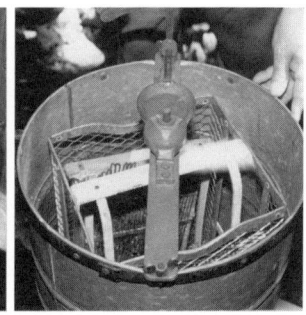

図85 ニホンミツバチ縦長巣板による採蜜
蜜蓋の除去(左)，蜜巣板に取り付けた縦長巣枠ホルダー(中)，遠心分離器を用いた採蜜(右)

3．ポリネーションへの利用

トウヨウミツバチ

インドでは，トウヨウミツバチはセイヨウミツバチより早朝，低温の内から採餌活動を行い，訪花行動を開始する気温もセイヨウミツバチに較べ3〜5℃低い．トウヨウミツバチは，特定作物の小規模な栽培地での花粉媒介に集中的な訪花活動を示す．1日当たりのトウヨウミツバチの採餌活動時間はセイヨウミツバチよりも1時間は長い．多くの植物がトウヨウミツバチや他の土着の花粉媒介者とともに進化してきた．このことから，食糧増産に結びつく花粉媒介者としてのトウヨウミツバチの有用性が評価されている．

フィリピンにおいても，作物生産に関連した花粉媒介者と訪花昆虫の採餌

行動の研究で，在来種であるトウヨウミツバチの保護と品種改良は重要な課題となっている．とくに，ピクルス用キュウリの花粉交配にトウヨウミツバチが有効であることや，アブラナ科の葉菜や根菜の種子生産に利用されている．

ニホンミツバチの利用

日本では，1996年には花粉交配用としてセイヨウミツバチが，イチゴ，メロン，スイカなどの施設園芸に102,465群，施設園芸以外のリンゴ，ナシ，ウメなどに31,187群が使われている．しかしニホンミツバチの利用は，ほとんどなく，一部のイチゴ(図86)やメロンの施設園芸で試験的に用いられている．またハウス栽培モモ(図87)では，セイヨウミツバチはハウス内の

図86 ハウス内で栽培されるイチゴの花粉媒介に利用されるニホンミツバチ
(熊本県八代市昭和地区)

温度が15℃以上にならないと活動しないのに対して，ニホンミツバチは日の出とともに出巣し，日没まで活動が観察されている．ニホンミツバチはセイヨウミツバチより低温・高湿でもよく活動するため，受粉効果はセイヨウミツバチより高いと報告されている．これらのことからも，ニホンミツバチのポリネーションへの利用は，可動巣枠式巣箱の開発によって蜂群の移動も可能となり，大いに期待できるものである．

図87　ハウス栽培モモの花粉媒介に利用されるニホンミツバチ(熊本県下益城郡)

4．害敵，病気に対する抵抗性

新しい害敵，病気の侵入をふせぐ

　ニホンミツバチでは，セイヨウミツバチでは防除なしでは養蜂は成り立たないとさえいわれるミツバチヘギイタダニ，壊滅的な被害を与えるアメリカ腐蛆病やスズメバチ類によって，蜂群が死滅した例はなく，高い抵抗性を持っている．

　しかし，パキスタンでは，1981年に成蜂の胸部気管内で繁殖し，寿命の短縮や蜂群越冬死が増大するアカリンダニの侵入によって，ある地域の例では500群のトウヨウミツバチが26群になるなど，壊滅的な被害を受けている．原因はセイヨウミツバチの輸入によるアカリンダニの侵入によるものであるが，このような被害が日本で起こらないことを願うものである．病気についても，サックブルードの一種によって東南アジア諸国のトウヨウミツバチは被害を被っているが，ニホンミツバチが抵抗性をもっているとの保証はなく，アカリンダニと同様に不用意なトウヨウミツバチの導入を避けることやセイヨウミツバチの輸入の際の病気のチェックが重要である．

VIII 世界のミツバチ

1. ミツバチの分布

9種になったミツバチ

　現在，世界のミツバチの種類は9種が認められている(図88)．セイヨウミツバチ(学名は *Apis mellifera*)は，ロシアの一部を含むヨーロッパ，アフリカ，マダガスカル，さらに地中海東方のイラン西部までが原産地で，その他の8種は全てアジア地域に生息している．南北アメリカ大陸やオーストラリア，ニュージーランドには，本来ミツバチは生息していなかったが，養蜂の目的のために，ヨーロッパからセイヨウミツバチが導入されたのである．
　セイヨウミツバチは24種類の亜種が知られており，そのうち，クロバチ(ヨーロッパ北部)，イタリアン(イタリア)，カーニオラン(オーストリア南部とユーゴスラビア)，コーカシアン(ロシア，コーカサス地方原産)の4品種は世界の養蜂種として広く飼われている．日本のセイヨウミツバチの多くは，体色が黄色な「イタリアン系雑種」であり，最近では黒色の「カーニオラン種」なども輸入されている．
　アジア地域では，従来トウヨウミツバチ(*Apis cerana*)，オオミツバチ(*A. dorsata*，属名のアピスは省略，以下同じ)，コミツバチ(*A. florea*)の3種が知られていた．しかし，1980年に日本の坂上昭一博士らによって，オオミツバチからヒマラヤオオミツバチ(*A. laboriosa*)，1987年には中国のウーらは，中国南部のコミツバチからクロコミツバチ(*A. andreniformis*)，1990年になるとアジア地域でのミツバチ研究が進むにつれて，マレーシア

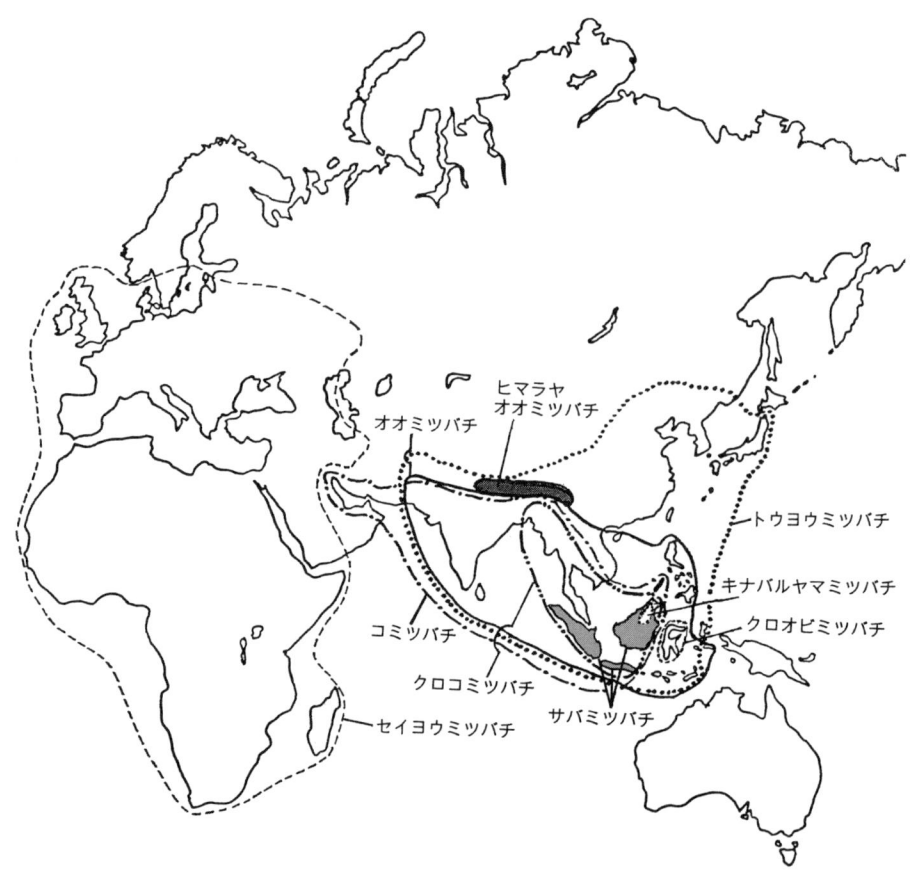

図 88 世界における 9 種のミツバチの自然分布

のティンゲック氏やドイツのケニガー博士によってマレーシア・ボルネオ島のトウヨウミツバチからサバミツバチ($A.\ koschevnikovi$）(コシェブニコビ)が独立の種として認められた．1996 年には，インドネシアのハデソエヒロ博士とカナダのオーティス博士によって，インドネシアのスラウェシ島のトウヨウミツバチからクロオビミツバチ($A.\ nigrocincta$）(ニグロチンクタ)が独立種として，さらに，ドイツのケニガー博士らによって，マレーシアのボルネオ島からキナバルヤマミツバチ($A.\ nuluensis$）(ヌルエンシス)が新種として加わった．アジアのミツバチは従来の 3 種に 5

92

VIII 世界のミツバチ

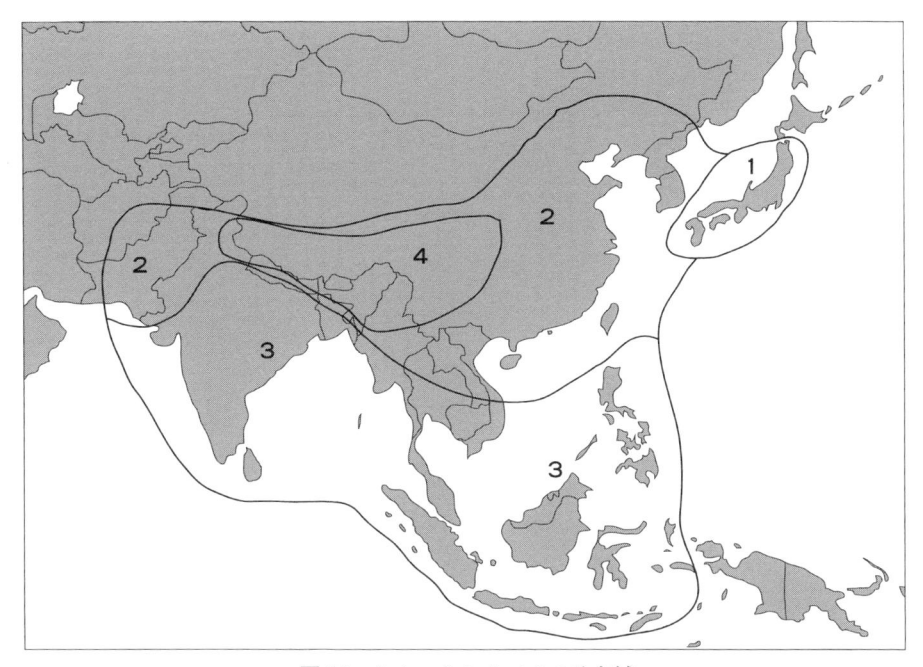

図89 トウヨウミツバチの分布域
1：*Apis cerana japonica* 日本亜種（ニホンミツバチ）　2：*Apis cerana cerana* 中国亜種　3：*Apis cerana indica* インド亜種　4：*Apis cerana himalaya* ヒマラヤ亜種

種が加わり，8種となったのである．

2．アジア各地のトウヨウミツバチ

ニホンミツバチの仲間は4種

　ニホンミツバチは，和蜂，地蜂，山蜂などの名で，日本各地で呼ばれている．北海道を除き日本に広く分布するトウヨウミツバチの1亜種で，日本亜種（*Apis cerana japonica*）である．

　1887年にロシアのラドスコウスキー氏によってニホンミツバチが発見された．1986年，ドイツのルットナー博士は，形態学的な検討から，ニホン

ミツバチの中に本州型と対馬型があることを述べている．

　その他のニホンミツバチと同じ仲間のトウヨウミツバチは，アジア各地に3亜種が知られている．一つは中国で採取された標本に基づき命名された基亜種で，中国北部，インド北部，アフガニスタン，パキスタン北部に分布している中国亜種(*A. cerana cerana*)である．もう一つは南インド，スリランカ，ミャンマー，タイ，ベトナム，ラオス，カンボジア，マレーシア，インドネシア，フィリピンの広い地域に分布しているインド亜種(*A. cerana indica*)で，さらにヒマラヤから中国雲南省にかけて分布するヒマラヤ亜種(*A. cerana himalaya*)である(図89)．

IX　トウヨウミツバチの飼育法

　東南アジア各地でのトウヨウミツバチの養蜂は，丸太を利用したり，壁をくり貫いたりする伝統的な巣箱や，可動式巣枠を用いた巣箱が使われている．

丸太巣箱
　伝統的な丸太巣箱は垂直に立てるものと横にするものがある．インドでの垂直型丸太巣箱は，標高2,000m以上の高地で一般的に使われている．ミャンマーでは長さ30～35cmの垂直型丸太巣箱が数州でみられ，ブータンでも丸太をくり貫いた巣箱や厚板を利用した箱型の巣箱が使用されている．
　中国では長さ40cm，直径30cmの垂直型丸太巣箱が一部の地域で使用されているが，ハチミツ生産量は1群当たり5kgと少ない．韓国では，長崎県・対馬の丸洞(まるどう)に類似している長さ90cm，直径40cmほどの垂直型丸太巣箱がみられる．
　ベトナムでは長さ60～100cm，直径20～50cmの垂直型，横型丸太巣箱に，巣板を支えるためのトップバー(上桟(じょうさん))を使用する巣箱が広く使用されている．
　ネパールでは長さ35～100cm，直径15～50cmの横型丸太巣箱が使われている(図90)．直径約6cmの巣門を丸太中央に作ったものが一般的で，丸太の両端は板，石，わら

図90　ネパールの横型丸太巣箱
(撮影；中村純)

図 91　ネパールのジョムラトップバー巣箱

図 92　ネパールの麦わら巣箱(左)とその内部(右)

図 93　スリランカの植木鉢を利用したトップバー巣箱
　　　継箱を重ねた状態(左)と内部の様子(右)

を編んだもの，石に土や牛ふんで上塗りしたものが蓋として使われる．据え付けは家の軒下につるしたり，屋根の上，木製の台上，樹上と様々である．さらにネパールではこの横型丸太巣箱に改良を加え，ベトナムで使用されているものと同様なトップバーを使ったジョムラトップバー巣箱(図91)や麦わら巣箱(図92)が推奨されている．

スリランカでは，安価に入手できる植木鉢トップバー巣箱にハチミツ生産用の継箱を重ねることによって採蜜を可能にし，この巣箱を用いた養蜂振興が進められている(図93)．

壁に取り付けた巣箱

パキスタン，インド，中国，ネパール，ブータン，バングラデシュ，ミャンマーの8カ国にまたがる大ヒマラヤ山脈と山麓丘陵部からなるヒンズークシヒマラヤ地帯では，壁に取り付けた特徴的な壁巣箱が用いられている．

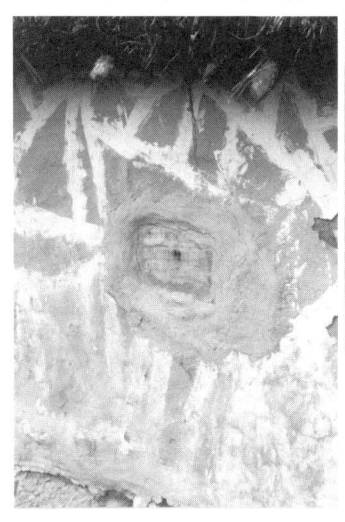

図94　ネパールの壁に取り付けたコパ巣箱
壁に設けた巣門(左)と内側の巣箱部分(右)
(撮影：中村純)

ネパールでの壁巣箱は，コパ巣箱と呼ばれている(図94)．石を積んで土を塗り上げた農家の壁を，内側から高さ30 cm，幅30〜50 cmにくり貫いて空間を作り，上部に板を渡して壁が崩れるのを防ぐ．屋外に通じる巣門をもうけ，内側に石または板で蓋をして巣箱にしたものである．ハチミツの採

取は家の中で行われ，木綿のボロ布をよったものに火を付け，煙でハチを追い払い，巣板を切り落とす．収量は1巣箱，1回当たり1〜2kg程度であるが，10月〜12月の乾期の流蜜期にはコパ巣箱から5〜6kg以上の収穫が得られる．

アフガニスタンのトウヨウミツバチは，南東地域でみられ，西パキスタンでみられるのと同じ壁巣箱で飼われている．この地方の壁巣箱は，壁に空間をつくる代わりに木製の巣箱が家を作るときに壁に組み込まれている．

その他の伝統的な巣箱

ミャンマーでは伝統的な丸太巣箱以外に，竹の筒を利用したもの，地下に素焼の水差しを埋め込んだもの，なだらかな丘に穴を掘り，小さな穴を開けた板で入口を覆ったものなどが巣箱として使われている．

パキスタンでは麦わら入りの土で作ったもの，泥に籾がらを混ぜて作ったもの，セメント製などの巣箱がある．

トウヨウミツバチの可動巣枠式巣箱

可動巣枠式巣箱でのトウヨウミツバチの養蜂は1880年にインドで始まった．アメリカ人宣教師ニュートン神父は，南インドでトウヨウミツバチに適した可動式巣枠式の小型のニュートン巣箱を考案した(図95)．1880〜1930年の約50年間，ニュートン神父が考案した巣箱がインド中で一般的に使われていた．しかし，インド北西部の標高の高い地域の働き蜂は体型が大きく，

図95 ニュートン巣箱
巣箱と貯蜜用継箱(左)，巣箱の内部と巣板(中)，貯蜜用継箱の巣板(左)

蜂群も大きくなるためニュートン巣箱は適さず，分蜂や逃去が頻発した．そこで標高の高い地域に適する巣箱が考案され，最初に使われた村の名前からジョリコテ巣箱といわれている．その後この二つの巣箱を基にした改良巣箱が15種類も考案され実用化している．インドの巣箱の規格はヒンズークシヒマラヤ地帯の養蜂で，一部に改良を加えて使われている．

中国では伝統的な巣箱で飼われているトウヨウミツバチのハチミツ生産量は1群当たり5 kgと，セイヨウミツバチの23 kgに比較して少ないため，可動巣枠式巣箱の導入が検討された．そして巣板が10枚入る巣箱が中国全土に普及している．

トウヨウミツバチの蜂群数

ニホンミツバチ飼育の盛んな長野県・伊那谷では，飼育者は318名，蜂群数は1,208群，奈良県十津川村地方では飼育者84人，蜂群数は174群，長崎県・対馬では飼育者は2,000人，蜂群数は2,700〜4,000群とそれぞれ報告がある．日本全体での蜂群数は，統計上明確にされていないが，数万から数十万群のニホンミツバチが生息しているのではないかと考えられる．

東南アジア地域でのトウヨウミツバチ蜂群数については，これまで報告されている国々について以下に示した．カッコ内は報告された年を示した．

- 中国，200万群以上(1987)
- インドネシア，57,460群(1991)
- 韓国，199,847群(1989)
- マレーシア，5,000群(1988)
- パキスタン，35,000〜40,000群(1990)
- フィリピン，450群(1992)
- スリランカ，12,000群(1988)
- タイ，10,951群(1988)
- ベトナム，130,000群(1991)

X　ニホンミツバチとセイヨウミツバチの種間相違点

1．形態・生理の違い

　ニホンミツバチとセイヨウミツバチの形態・生理に関する相違点を表1に示した．

分布域
　セイヨウミツバチの自然分布域は，ヨーロッパ，中近東，アフリカであった．現在ではセイヨウミツバチの人為的な導入によって，多くの国々で飼われている．
　青森県下北半島を北限として本州以南に生息しているニホンミツバチは，北海道では未確認であり，私の最近の調査からも，分布域は本州以南であることが確かめられた．

体長・体重・体色
　図96に示したニホンミツバチの女王蜂と働き蜂，さらに雄蜂の体長，体重はセイヨウミツバチより小型である．体色は女王蜂，働き蜂，雄蜂とも黒褐色系で，特に雄蜂は黒色に近い．セイヨウミツバチでは亜種間で体色は異なり，イタリアン種は黄褐色であるが，カーニオラン種やコーカシアン種はニホンミツバチに近い黒褐色で，見間違えることさえある．

表1 ニホンミツバチとセイヨウミツバチの形態・生理の相違点

		ニホンミツバチ		セイヨウミツバチ
種 名		*Apis cerana*		*Apis mellifera*
亜種名		japonica		欧州産亜種（*ligustica* など）
命名者（年）		Radoszkowski, O. I. 1887		Linnaeus, C. 1758
自然分布域		日本（本州以南）		ヨーロッパ，中近東，アフリカ
体 長	女王蜂	13〜17 mm		15〜20 mm
	働き蜂	10〜13 mm		12〜14 mm
	雄 蜂	12〜13 mm		15〜17 mm
体 重	女王蜂	150〜210 mg		180〜290 mg
	働き蜂	65〜90 mg	<	80〜150 mg
	雄 蜂	120 mg	<	190〜220 mg
体 色	女王蜂	黒褐色系		黄褐色〜黒褐色系
	働き蜂	黒褐色系		黄褐色〜黒褐色系
	雄 蜂	黒褐色系		黄褐色〜黒褐色系
後翅の M_{3+4}		顕著（0.4 mm）		なし（痕跡）
働き蜂	舌長	5.0〜5.2 mm	<	6.0 mm
	前翅長	8.3〜8.7 mm		7.6〜9.7 mm
	肘脈指数	5.2〜6.4	>	2.3
	後翅の鉤数	15〜22		21
	腹部第6節の白色部	顕著		なし
	体色の季節二型	夏に黄色化	>	季節変化微弱
卵巣小管数	女王蜂	135	<	275
	働き蜂	12	>	8
雄 蜂	第二染色体短桿部	ギムザ染色部あり		なし
	陰茎角嚢背部突起	あり		なし（痕跡）
	陰茎有縁毛葉片	手のひら状		棒状
生育期間	女王蜂	15日	<	16日
（卵〜成虫）	働き蜂	19日	<	21日
	雄 蜂	21日	<	24日
産卵直後の卵		傾斜		直立

X ニホンミツバチとセイヨウミツバチの種間相違点

図96 ニホンミツバチ(左)とセイヨウミツバチ(右)の女王蜂と働き蜂

翅脈

ニホンミツバチとセイヨウミツバチの形態上の違いとして顕著な点は,働き蜂の後翅の翅脈である(図97).ニホンミツバチでは後翅に0.4 mmの長さの中脈(M_{3+4})が顕著にみられる.この点はトウヨウミツバチの亜種間で共通で,女王蜂,雄蜂にも認められる.これに対して,セイヨウミツバチでは存在しないか,痕跡程度である.この翅脈の特徴は低倍率のルーペでも確認することができる.

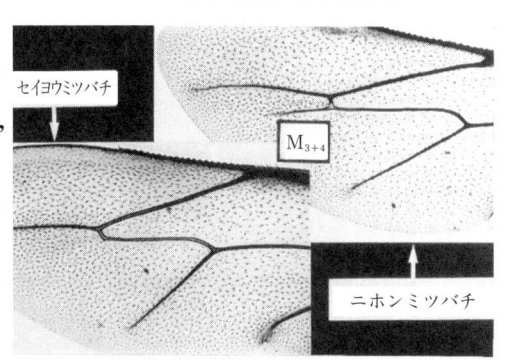

図97 ニホンミツバチ(右)とセイヨウミツバチ(左)の後翅の翅脈
ニホンミツバチでは後翅の中脈(M_{3+4})が顕著にみられる.

働き蜂

働き蜂の舌長は5.0〜5.2 mmであり,セイヨウミツバチの6.0 mmに比較して短く,前翅長は採集した蜂群によって差があるが,ニホンミツバチの方がやや短い傾向がある.前翅の肘脈指数(cubital index)は,5.2〜6.4のニホンミツバチに比べてセイヨウミツバチは2.3と有意な差がある.後翅前縁にある鉤数については,ニホンミツバチが15〜22に対してセイヨウミツバチは21と多少差がある程度である.

働き蜂は腹部第6節の白色部がセイヨウミツバチに比較して顕著である点が特徴的で、また働き蜂は季節的に二型の体色がみられる(図98)。同一蜂群内で8月～10月に黄色型が、10月下旬～翌年の5月には黒色型が多く出現する傾向がある。体色変化は腹部小循板、腹部第3・4背節片節間膜、腹部腹面にみられ、その変化は蛹期に受ける25℃～38℃の温度に関係しており、34℃以上で黄色が、それ以下では黒色が出現する。

図98 ニホンミツバチ働き蜂の体色変化
蜂群内に混成する黒色型と黄色型
(撮影；小野正人)

女王蜂

女王蜂の卵巣小管数(左右に存在する卵巣の合計)は、ニホンミツバチでは約135本に対してセイヨウミツバチでは約275本で(図99)、ニホンミツバチはセイヨウミツバチの約半分である。このことはニホンミツバチ女王蜂はセイヨウミツバチより産卵数は少ないことを示しており、結果として蜂群サイズが小さいことに関連していると考えられる。ニホンミツバチ働き蜂の卵巣小管数の合計は約12本、セイヨウミツバチは約8本である。ニホンミツバチの方が卵巣小管数は多く、大きな卵巣をもっているため、働き蜂産卵を起こしやすい理由にもなっている。

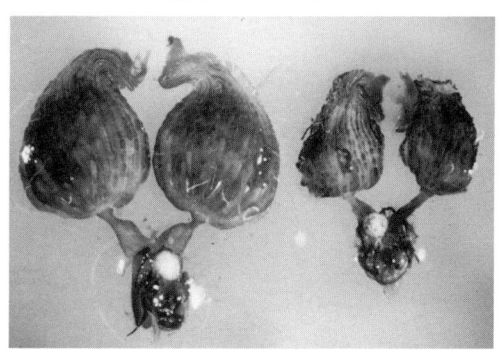

図99 ニホンミツバチ(右)とセイヨウミツバチ(左)女王蜂の卵巣小管
(撮影；小野正人)

雄蜂

ミツバチ属9種の中で、セイヨウミツバチ、トウヨウミツバチ、オオミツバチ、コミツバチの4種については、雄蜂の染色体数はn＝16であること

X ニホンミツバチとセイヨウミツバチの種間相違点

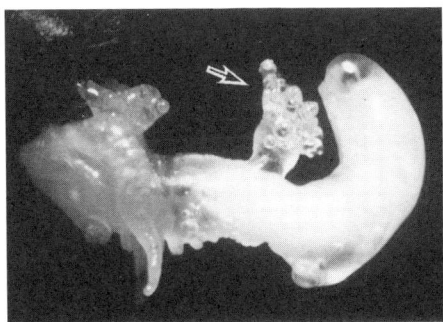

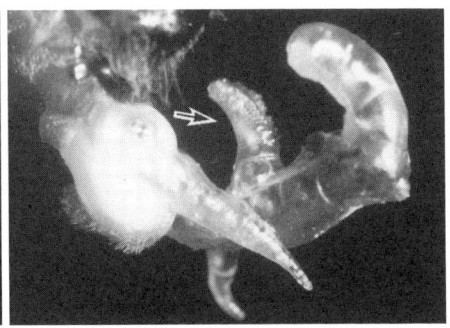

図100 ニホンミツバチ(左)とセイヨウミツバチ(右)雄蜂の陰茎有縁毛葉片(矢印)が確かめられている．ニホンミツバチとセイヨウミツバチの核型は両種ともほぼ同じであるが，ニホンミツバチ雄蜂の第二染色体短桿部がギムザ染色で薄く染まるが，セイヨウミツバチには認められない．

雄蜂の生殖器については陰茎角嚢背部にニホンミツバチでは突起があるのに対して，セイヨウミツバチでは存在しないか，痕跡程度である．図100に示した陰茎有縁毛葉片は，ニホンミツバチは手のひら状であるのに対して，セイヨウミツバチは棒状を示している．

生育期間

ニホンミツバチの卵から成虫までの生育期間はインド亜種と同様で，女王蜂は15日，働き蜂は19日，雄蜂は21日であり，セイヨウミツバチより短いことが観察された．

産卵直後の卵

セイヨウミツバチ女王蜂が産卵した直後の働き蜂の卵は，巣房の底に直立しており，3日間の卵期の終わり頃になると傾斜した状態になる．しかしニホン

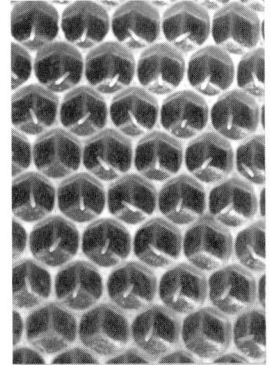

図101 ニホンミツバチ(左)とセイヨウミツバチ(右)働き蜂の産卵直後の卵

ミツバチ働き蜂の卵は産卵直後からすでに傾斜しており，セイヨウミツバチと異なっている(図101)．

2．行動・生態の違い

ニホンミツバチとセイヨウミツバチの行動・生態に関する相違点を表2に示した．

交尾飛行時刻

日本には在来種のニホンミツバチと導入種のセイヨウミツバチの2種が同所的に生息している．そのような環境の中で，ニホンミツバチ女王蜂の飛行時刻は13：15～17：00の間で，雄蜂との交尾が成立した印である交尾標識を確認できた時刻は14：45～16：35であった．一方，セイヨウミツバチ女王蜂の飛行時刻は，12：15～15：00の間で，交尾標識の確認時刻は13：00～14：00とニホンミツバチ女王蜂はセイヨウミツバチより1～1.5時間遅いのである(図102)．

ニホンミツバチ雄蜂の出巣時刻は13：15～16：30の間で，飛行のピークは15：00～15：30であった．セイヨウミツバチ雄蜂の出巣時刻は11：30～15：00の間で，ピークは13：00～14：00と，ニホンミツバチ雄蜂は女王蜂と同様にセイヨウミツバチより約2時間遅い(図102)．

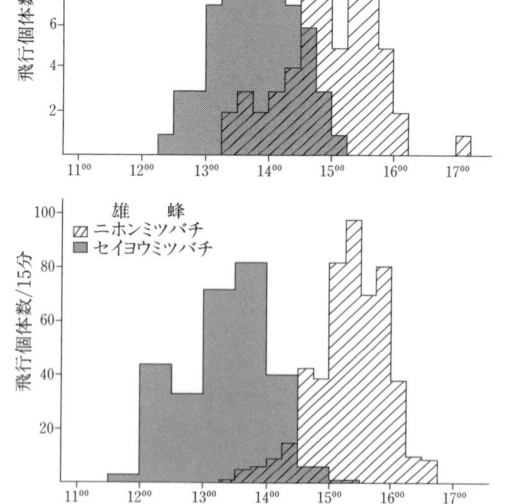

図 102 ニホンミツバチとセイヨウミツバチの女王蜂と雄蜂の交尾飛行時刻

X ニホンミツバチとセイヨウミツバチの種間相違点

表2 ニホンミツバチとセイヨウミツバチの行動・生態の相違点

		ニホンミツバチ		セイヨウミツバチ
交尾飛行時刻	女王蜂（交尾標識確認）	1315〜1700（1445〜1635）		1215〜1500（1300〜1400）
	雄蜂（ピーク）	1315〜1630（1500〜1530）		1130〜1500（1300〜1400）
雄蜂の集合場所		樹冠上部		林に囲まれた盆地
巣板間隔		狭い（7 mm）	<	広い（10 mm）
巣房の直径	働き蜂	4.7 mm	<	5.1 mm
	雄　蜂	5.4 mm	<	6.5 mm
巣房数／100 cm²	働き蜂	510 巣房	>	410 巣房
	雄　蜂	390 巣房	>	270 巣房
王台の先端部		繭が露出		露出しない
雄巣蓋ろうのはぎとり		必ずとる		とらない
雄繭頂部中央の小孔		あり		なし
無王群の変成王台		できにくい		できやすい
産卵働き蜂		起きやすい		起きにくい
疑似(雄蜂)王台		時々できる		ほとんどない
一群当たりの蜂数		数千〜2万匹	<	3万〜数万匹
野生定住群		多い	>	少ない
分蜂蜂球の形成場所		平らな樹皮の下		小枝の混じるところ
形状		扁平球		扇状にのびる
逃　去		頻繁	>	ほとんどない
分蜂のキンリョウヘンへの飛来		あり		なし
一般的性質		比較的温和		やや荒いものあり
内検に対する反応		敏感		鈍い
侵入者に対する反応		弱い		集中的・強烈
刺して飛ぶ時の行動		回転		直行
扇風蜂の頭の方向		外向き		内向き
蜂カーテンの働き蜂		上向きに並ぶ		不ぞろい
DVAV（背腹振動）		強い	>	弱い
グルーミング		顕著	>	少ない
振身行動（対害敵）		顕著	>	見られない
シマリング		顕著	>	見られない
ナサノフ腺フェロモンの放出		時々	<	頻繁
プロポリス（ハチヤニ）		集めない		集める
巣板をかじる		頻繁	>	少ない
噛む（板，針金，人）		よくある	>	少ない

雄蜂の集合場所

空中の特定な空間に存在する女王蜂と雄蜂の交尾場所である「雄蜂の集合場所」に関しては，ニホンミツバチは周囲の地形の中で目立つ木の樹冠上を集合場所にしており，セイヨウミツバチの林に囲まれた盆地状の地形の場所とは異なることが認められた．2種間には時間と空間の双方の違いによる生殖隔離機構が存在し，その結果，両種の共存が可能となっている．

巣板と巣房

巣板と巣板の間隔，ビースペースは，ニホンミツバチはセイヨウミツバチに比較して狭く，セイヨウミツバチの巣板間隔である10 mmよりもニホンミツバチは30％縮め，7 mmとして飼育した結果，良好な結果を得た．

巣房の直径は，ニホンミツバチ働き蜂は4.7 mm，セイヨウミツバチは5.1 mmとセイヨウミツバチの方が大きく，雄蜂についてもそれぞれ5.4 mm，6.5 mmと同様の傾向である．ニホンミツバチ雄蜂巣房の大きさはセイヨウミツバチ働き蜂巣房と同程度の大きさである．100 cm² 当たりの巣房数の調査

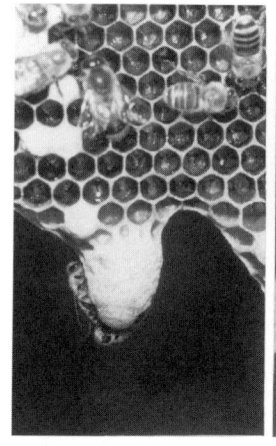

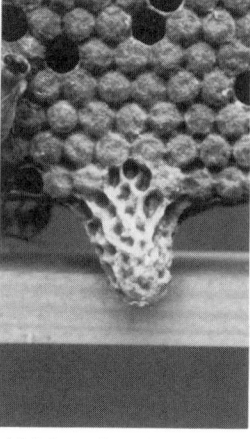

図103 ニホンミツバチ(左)とセイヨウミツバチ(右)の王台
ニホンミツバチは茶褐色の繭が露出する．

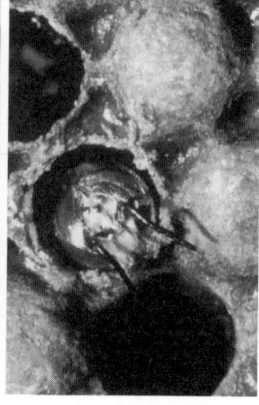

図104 ニホンミツバチ(左)とセイヨウミツバチ(右)の雄蜂巣房

においても，ニホンミツバチ働き蜂では510巣房であるのに対して，セイヨウミツバチでは410巣房である．同じサイズのラングストロス式巣枠に造られた巣房数は，ニホンミツバチでは約4,400，セイヨウミツバチでは約3,400と両者に1,000巣房の差がある．

ニホンミツバチでは王台先端のろう部分が働き蜂によって取り除かれ，茶褐色の繭が露出するが，セイヨウミツバチでは繭の露出はみられない(図103)．筆者の観察では，王台がふさがれてから2～3日後に繭が露出する．

ニホンミツバチ雄蜂の巣房は蓋(ふた)がけされた後，必ず表面のろうがはぎとられ，その繭(まゆ)の頂部中央に小孔があるのは，セイヨウミツバチには見られない特徴である(図104)．

蜂群が無王状態になった場合には，セイヨウミツバチに比較するとニホンミツバチでは変成王台はできにくい傾向があり，働き蜂産卵の開始が早く起こる．また，ニホンミツバチでは雄性の蛹のある疑似王台が時々観察される．

蜂数と分蜂

1群当たりの蜂数は，ニホンミツバチでは数千から上限が2万匹程度で，セイヨウミツバチの3万～数万匹に比べると半分以下と考えられる．野生的に定住している群は，ニホンミツバチの方が圧倒的に多く，野生群は自然巣を造って生息している．

分蜂による蜂球(ほうきゅう)は，ニホンミツバチは太い枝が分かれた平らな樹皮の下に扁平球状に形成されるのに対して，セイヨウミツバチは小枝の混じる場所に枝を包むように房(ふさ)状に造られる(図105)．これらの形状は母女王蜂とともに蜂群が飛び出す第1分蜂でよくみられるが，働き蜂の数が多い強群の場合に起こる未交尾

図105 ニホンミツバチ(左)とセイヨウミツバチ(右)の分蜂

女王が分蜂する第2分蜂では第1分蜂のように一定していない．

　ニホンミツバチは貯蜜が減少したり，ハチノスツヅリガの幼虫によって巣板が食い荒らされたり，セイヨウミツバチの盗蜂(とうほう)を受けたりすると頻繁に逃去するが，セイヨウミツバチではほとんど起こらない．

　東洋ランの一種であるキンリョウヘンの花にニホンミツバチが特異的に誘引され，分蜂群が飛来する現象が発見された．キンリョウヘンには働き蜂が餌として採取する蜜や花粉はなく，誘引物質として放出される花の匂いの研究が進められているが，セイヨウミツバチはこのランに全く興味を示さない．

一般的性質

　ニホンミツバチの一般的性質は，セイヨウミツバチより温和であるため，内検時に燻煙器(くんえんき)は必要としない．しかし巣板(すばん)を移動したり，持ち上げたりすると神経質に巣板上を走り回ることが多い．セイヨウミツバチは巣箱への侵入者に対する攻撃が強いが，ニホンミツバチはその点は弱いようである．そのためクロゴキブリ，カマドウマ，コクワガタの昆虫類からナメクジ，ムカデなど20数種の小動物がみられる．

刺針行動

　働き蜂が人畜を刺し飛び上がるとき，刺針部(ししん)は身体と連結している筋肉部分からちぎれ，毒管と毒囊(どくのう)がいっしょに付いた状態で針が残る．その際ニホンミツバチは刺した針を中心に回転しながら飛び上がるが，セイヨウミツバチは回転することはなく，刺してから直線的に飛び上がる．

扇風

　扇風蜂の頭の向きは，ニホンミツバチは巣門に対して外側に向けて風を送り込む扇風であるが，セイヨウミツバチは内側に向け，空気を排出する(図106)．扇風行動は2種間で大きな違いがある．

蜂カーテン

　巣板上をカーテン状におおっている多数の働き蜂は，ニホンミツバチでは

X ニホンミツバチとセイヨウミツバチの種間相違点

図106 ニホンミツバチ(左)とセイヨウミツバチ(右)の扇風
巣門に対する向きが異なる．

上向きに整然と並ぶ特徴があるが，セイヨウミツバチでは巣板上でいろいろな方向を向いている．

背腹振動

働き蜂は他の働き蜂や女王蜂の体の上に乗ったり，しがみついたりして腹部を背腹方向にすばやく動かす背腹振動を行う．この行動はニホンミツバチとセイヨウミツバチの両種で観察できるが，ニホンミツバチの方がその行動が強く行われる．

グルーミング

働き蜂は全体をはげしく左右にふったり，サルの社会でみられるような個体間での身づくろいと同様に，他の働き蜂が胸部と腹部の柄部や翅の付け根の毛を梳く，グルーミングが行われる．グルーミング行動は両種で観察できるが，ニホンミツバチの方が頻繁に行われる．

振身行動

振身行動はニホンミツバチに顕著で，飛翔しながら巣門に接近するスズメバチに対して門番蜂は前傾姿勢をとり，腹部を30～40度持ち上げ，左右に40～60度横に振る行動がみられる．

シマリング

シマリングは振身行動と同様にニホンミツバチに顕著にみられる。振動などの物理的要因や巣板上の働き蜂に息を吹きかけたり、スズメバチが接近した場合には、一斉に「シャワー」という特異な羽音を発する。シマリングは巣板上の多数の働き蜂が一定方向に連鎖的に行うため、波をうっているようにみえる。

ナサノフ腺フェロモン

働き蜂の腹部背面の第7節にあるナサノフ腺からの集合フェロモンの放出は、セイヨウミツバチでは頻繁にみられる行動であるが(図107)、ニホンミツバチではセイヨウミツバチのように多くない。

ニホンミツバチは植物の樹脂であるプロポリス(ハチヤニ)を集めることはなく、巣箱の隙間などの修繕にはろうが使われている。

図107 セイヨウミツバチ働き蜂によるナサノフ腺からの集合フェロモンの放出

大顎でかじる・嚙む

大顎を使って巣板を頻繁にかじるのはセイヨウミツバチではあまりみられないが、巣板をかじることによって保温効果を高めているのではないかと考えられている。

大顎で嚙む力はニホンミツバチでは強く、観察時に手などを嚙まれたり、巣門などの木部や巣枠の針金をよく嚙む行動が観察される。

3. 訪花の違い

ニホンミツバチとセイヨウミツバチの訪花に関する相違点を表3に示した。

表3　ニホンミツバチとセイヨウミツバチの訪花の相違点

	ニホンミツバチ		セイヨウミツバチ
訪花植物の選択	多岐にわたる		主要植物に集中
採餌圏	狭い	<	広い
円舞	70 m 以内		100 m 以内
8の字ダンス時の発音時間と距離の関係(距離/s)	約 700 m	<	約 1,000 m
雄蜂のキンリョウヘンへの訪花	あり		なし

訪花植物・採餌圏

　セイヨウミツバチの訪花は主要な蜜源植物に集中する傾向があるが，ニホンミツバチでは多岐にわたることが報告されている．ニホンミツバチの訪花植物 104 種が記載されている．

　採餌圏の広さの違いは，収穫ダンスの発音時間と採餌距離の関係から考察すると，ニホンミツバチに比較してセイヨウミツバチの方が2倍近い面積を採餌対象にしている．

収穫ダンス

　一般に蜜源までの距離が近い場合に踊る収穫ダンスの円舞は，セイヨウミツバチでは蜜源までの距離が 100 m 以内の場合にみられるが，ニホンミツバチでは 40 m 以内，あるいは 50〜70 m の報告がある．

　蜜源までの距離と方向の情報を示す8の字ダンスでは，尻振り時の中心線上でニホンミツバチとセイヨウミツバチは約 250 Hz の音信号を発信する．両種とも蜜源が近いほど信号音は短く，遠くなるに従い音の持続時間は長くなる．その結果，1秒の音信号はニホンミツバチでは約 700 m，セイヨウミツバチでは約 1,000 m と採餌距離に差が認められる．

雄蜂の訪花

　雄蜂が訪花活動を行うことは，これまで全く報告されていなかった．ところがニホンミツバチの雄蜂が東洋ランの一種であるキンリョウヘンに訪花し，

花粉媒介を行っている新知見が確認されたことは，セイヨウミツバチと大きく異なる点である．

4．害敵・病気の違い

ニホンミツバチとセイヨウミツバチの害敵・病気に関する相違点を表4に示した．

表4 ニホンミツバチとセイヨウミツバチの害敵・病気の相違点

	ニホンミツバチ	セイヨウミツバチ
盗蜂	時々／個体単位	頻繁／集団
対天敵行動	発達	未発達
オオスズメバチ	巣箱内に誘導	巣門前で応戦
同　巣屑状物質による忌避	顕著	見られない
キイロスズメバチ	蜂球により熱殺	刺針行動
ハチノスツヅリガ	蜂群内で被害	被害／抵抗性あり
ウスグロツヅリガ	多発	少ない
スムシヒメコマユバチ	多い	少ない
ミツバチヘギイタダニ	被害少ない	被害多い
トウヨウミツバチホコリダニ	見られる	見られない
腐蛆病	希	時々

盗　蜂

他の蜂群に入り込み，貯蜜(ちょみつ)を盗み出す盗蜂は，ニホンミツバチでは個体単位で時々起こるが，セイヨウミツバチは集団で頻繁に発生する．特に蜜源が少ない越冬明けや梅雨の時期にニホンミツバチに対してセイヨウミツバチの激しい盗蜂が起こることがある．

スズメバチとハチノスツヅリガ

天敵であるスズメバチ類に対する行動は，ニホンミツバチではその防衛行動がよく発達しており，セイヨウミツバチでは未発達である．オオスズメバ

チの攻撃では，ニホンミツバチは巣門付近で大騒ぎとなり，蜂の出入りが減少する．さらに巣箱内に誘導するように，その侵入を許すが，巣箱内部で蜂球を造り熱殺する(図108)．一方，セイヨウミツバチは巣門前で激しく応戦し，集団攻撃を受けると壊滅的な被害を受ける．オオスズメバチが飛来すると，ニホンミツバチでは粘性のある巣

図108 オオスズメバチに対する巣箱内での熱殺蜂球

屑状の物質が巣門周辺に塗られるが，これは害敵の侵入防止用と考えられている．セイヨウミツバチではこのような物質の塗布はみられない．キイロスズメバチの攻撃に対しては，ニホンミツバチは蜂球による熱殺が行われるが，セイヨウミツバチでは針を盛んに出す刺針行動がみられる．

　ハチノスツヅリガの被害はニホンミツバチでは大きく，弱小群，無王群での巣板の食い荒し方は激しいが，セイヨウミツバチの蜂群内での被害はほとんどみられない．小型のウスグロツヅリガはニホンミツバチでは多く発生するが，セイヨウミツバチでは少ない．ウスグロツヅリガは巣板よりも巣箱の底に堆積した巣屑内にみられる．ハチノスツヅリガとウスグロツヅリガの幼虫に寄生する小型の寄生蜂であるスムシヒメコマユバチの成虫は，ニホンミツバチの巣箱の中では4月〜11月の間みられ，その数はセイヨウミツバチより多い．

ダニ類

　セイヨウミツバチではミツバチヘギイタダニの防除が必須であるが，ニホンミツバチでは蜂群内から発見することはまれで，寄生率はきわめて低い．トウヨウミツバチホコリダニはニホンミツバチ働き蜂の頭部後面の頸部両側に陥入している小孔の中に生息している体長0.2 mm弱のダニであるが，セイヨウミツバチでの寄生は確認されていない．

腐蛆病

日本では家畜法定伝染病に指定されているミツバチの蜂児の病気である腐蛆病は，セイヨウミツバチで発病するが，ニホンミツバチでの発生はまれであり，その抵抗性について注目されている．

5．生産物の違い

ニホンミツバチとセイヨウミツバチの生産物に関する相違点を表5に示した．

表5　ニホンミツバチとセイヨウミツバチの生産物の相違点

	ニホンミツバチ		セイヨウミツバチ
蜂毒中のメリチン	108±34 μg／毒嚢	<	310±59 μg／毒嚢
アパミン	1.6±0.6 μg／毒嚢	<	6.8±1.5 μg／毒嚢
蜂ろうの融点	65℃		63〜65℃
酸価	5〜7	<	17〜20
炭化水素炭素数31	多い	>	少ない
炭化水素炭素数35	少ない	<	多い
脂肪酸炭素数24	少ない	<	多い
プラスチック人工王椀の口径	6.7 mm	<	9.3 mm
同　王椀によるローヤルゼリーの採乳量（移虫48時間）	90.2±23.6 mg	<	187.3±27.3 mg
ローヤルゼリー中のタンパク質	多い	>	少ない
ローヤルゼリー中の炭水化物	少ない	<	多い

蜂　毒

蜂毒の主成分で溶血活性ペプチドであるメリチンは，ニホンミツバチでの毒嚢中の含量は108 μgであるのに対して，セイヨウミツバチでは310 μg，神経毒であるアパミンはニホンミツバチで1.6 μg，セイヨウミツバチでは6.8 μgとセイヨウミツバチの1/3の量であった．

蜂ろう

蜂ろうの融点はニホンミツバチでは65℃，セイヨウミツバチは63〜65℃と大きな差は認められなかった．遊離脂肪酸の測定による酸化は，ニホンミツバチでは5〜7，セイヨウミツバチでは17〜20とニホンミツバチの方が低い値であった．ガスクロマトグラフィーによる主要構成成分の比較では，全炭化水素中の炭素数31の割合は，ニホンミツバチは多く，セイヨウミツバチでは少なかった．また炭素数35は反対にニホンミツバチでは少なく，セイヨウミツバチでは多かった．炭素数24の遊離脂肪酸の割合はニホンミツバチでは少なく，セイヨウミツバチでは多いというように，両者の違いが認められた．

ローヤルゼリー

セイヨウミツバチでのローヤルゼリー生産や女王養成に用いられている市販のプラスチック製人工王椀の口径は9.3 mmである．ニホンミツバチではプラスチック管で自作した王椀の検討から，口径が6.7 mmの王椀で良好な受入率を示した．またその王椀による移虫48時間後のローヤルゼリー採乳量は，ニホンミツバチでは90.2 mg，セイヨウミツバチでは187.3 mgとニホンミツバチは約半分の採乳量であった．

ローヤルゼリー成分中のタンパク質は，ニホンミツバチではセイヨウミツバチより多く，炭水化物についてはニホンミツバチはセイヨウミツバチより少なかった．

付録　セイヨウミツバチの飼育法

1．蜂群の購入と飼育の準備

蜂群は専門の業者から

　セイヨウミツバチは野外で自然巣を造っている蜂群は珍しく，またスズメバチの攻撃や貯蜜の減少から越冬する群はきわめてまれである．近くに養蜂家がいる場合は分蜂群や蜂群を譲り受けることができるが，入手方法としては，養蜂関係の業者からカタログを取り寄せて群を購入するのが一般的である．最初に業者から購入する蜂群を種蜂ともいうが，特別な目的でないかぎり品種はイタリアン系雑種が適当である．カタログから蜂具類やその価格の詳細を知ることもできる．はじめてハチを飼う人のために，蜂群と必要な蜂具をセットにした価格が掲載されているカタログもあり参考になる．

スタートは6枚群から

　購入する標準的な蜂群は，女王蜂が1匹と働き蜂が5枚の巣板全面に取りついた状態の5枚群で構成されている．5枚群は輸送箱または運搬箱と呼ばれる6枚の巣板が入る巣箱に，巣板サイズの板で，ハチのいる巣板と空間を仕切るための分割板が入って送られてくる．蜂数がさらに多い6枚群での購入も可能で，はじめての人は6枚群でスタートする方がよい．価格は5枚群で3万円，6枚群で3万4千円ほどである．現在使われているラングストロス式の標準巣箱は10枚の巣板が入る．最初に購入する際には多少割高にはなるが，ハチが増えたときのことを考えて標準巣箱で購入するのがよい．購

付録　セイヨウミツバチの飼育法

入した蜂群は宅配便で送られてくる．

蜂群の購入は春

　購入の時期は3月～4月の春が望ましい．この時期は気温の上昇とともに蜜源が豊富になり，女王蜂の産卵も活発になり，蜂数が増えてくるため，購入した蜂群が死滅してしまうような失敗はほとんど起こることはない．この時期に飼育を開始することによって，群のさまざまな変化を1年間にわたり観察することができる．

　蜂群の設置場所は，人通りの少ない東か南に開けた，日当たりがよい場所を選ぶ．夏の直射日光をさえぎり，冬は暖かい日差しがあたるような落葉樹木が茂っていることも重要である．近くに蜜源となる多くの植物があることが理想的である．日陰で，寒く，湿った場所はハチの活動には不適当である．巣箱は湿気を防ぐためにブロックなどの台に乗せ，雨が入り込まないように巣門側を少し低くする．新しい巣箱には雨が入り込むことはないが，蓋の上にトタン板や塩化ビニル製の波板などの覆いを乗せると巣箱は長持ちする．覆いは，風で飛ばないようにブロックや石などを置く．巣箱の周囲に1mほどの生け垣や垣根があると，巣箱から出帰巣するハチはそれを越えなければならないため，近くを通る人とハチが遭遇し被害を与えるような機会は減少する．

　蜂群が到着したら，あらかじめ決めた場所に巣箱を2～3時間置く．輸送によってハチが興奮しているため，ハチを落ち着かせてから巣門（すもん）を開ける．

趣味養蜂では飼育届は不要

　セイヨウミツバチを飼育するにあたって，養蜂振興法で定められている「業としてみつばちの飼育を行う者」（みつばち又ははちみつ若しくは，みつろうを利益を得て譲渡することを主たる目的として，みつばちの飼育を継続反復して行う者）の場合は，所轄の都道府県知事に飼育届を提出しなければならない．趣味としてミツバチを飼育するときは飼育届の提出の義務はないが，各都道府県には養蜂組合や養蜂協会の団体があり，それに加入すると飼育届の便宜を図ってくれる．また加入すると蜜源樹や養蜂資材の共同購入の

斡旋なども行っているので利用できる．さらに近くにいる養蜂家を紹介してもらったり，飼育法の指導を受けたりするのもよい．

飼育開始に必要となる主な蜂具

継箱　巣板が10枚入る標準巣箱に納まらないほどにハチが増えた際に，標準巣箱の上に継ぎ足す底のない巣箱である．標準巣箱を単箱と呼ぶこともある．巣箱に継箱が一つ継ぎ足されたときは2段群または2段箱，さらに二つ継ぎ足された場合は3段群または3段箱と呼ばれている．

隔王板　働き蜂は通過できるが，体の大きい女王蜂は通れない格子状の平板．隔王板は巣箱に継箱を継ぎ足す際に，巣箱の上に置いて継箱との間に挟むようにする．隔王板の目的は女王蜂の産卵の調節で，継箱に移動できない女王蜂は巣箱内の巣板だけに産卵を行う．隔王板を入れた継箱の巣板は，流蜜時期には貯蜜が集中する．

巣板　標準巣箱で使われる木製の巣枠に，巣礎をはめ込み，働き蜂がろうで盛り上げて六角形の巣房に造りあげたもので，ハチが増えたときに産卵・育児，花蜜・花粉の貯蔵のために巣箱に加える．巣板は購入することができるが，巣枠に巣礎を張り付けた巣礎付きの巣枠を蜂群に挿入して，ハチに造らせることも可能である．巣枠は，市販の木の枠を組み立て，巣礎を取りつけるために20～23番線の針金を張る．針金の張り方には，いろいろな方法がある．図109は針金3本を木枠に通したものである．巣枠には約1cmの巣板間隔を保つためのスペーサーともいわれる自距金具を巣枠の両側に付ける．

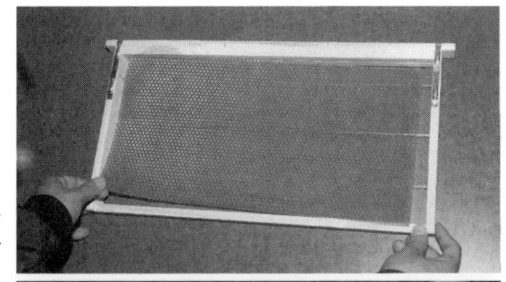

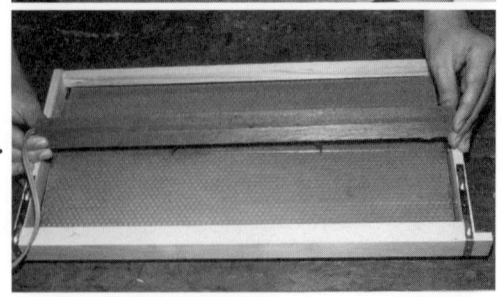

図109　巣礎の巣枠へのはめ込み(上)と埋線器による巣礎の針金への埋め込み

付録　セイヨウミツバチの飼育法

巣礎　薄いろう板に六角形の巣房の形を押し型したもので，巣枠の上桟の溝にはめ込み(図109)，埋線器で巣礎を針金に埋め込む(図109)．埋線器には電熱式，こて式，ローラー式などがある．

給餌器　巣板と同じサイズで，巣箱内の一番外側にある巣板の次に置き，糖液を入れ，餌として与える容器である．1.5ℓほどの糖液が入る．

王かご　女王蜂を無王群に導入するときや，王台から羽化(出房ともいう)した新女王を，一時的に収容する小型の金網製かご．

観察時の必需品

燻煙器　ふいごのついた筒状の容器で，新聞紙，ダンボール，ワラ，落ち葉，ぼろ布など煙がでる燻煙材料を入れ，巣箱の中に煙を吹き込む．巣箱の蓋を開けたときに出される警報フェロモンを感受して巣を防御しようと攻撃的になるハチの行動を鈍らせるのに，煙は重要な役割を果たす．

ハイブツール　巣箱の「ハイブ」と道具の「ツール」の意味で，蜂群の管理作業に欠かせない蜂具の一つ．巣箱の蓋や巣板がプロポリス(ハチヤニ)で固着されている場合に，ハイブツールでこじ開け，動かす．蜂ろうやプロポリスは巣板の枠によく付くので，かき取ったりする．

面布　覆面布ともいう．ミツバチを扱うとき，顔を刺されないように守る網．アミラン製と折りたたみできる金網製があり，つばの大きい麦わら帽子などに取りつける．

手袋　ミツバチを扱うとき手をよく刺されるので，慣れないうちは炊事用のゴム手袋をするのもよい．袖口からハチが入り込むこともあるため，袖口を閉じ，必要なら腕カバーをして防ぐ．

採蜜時に必要となる主な蜂具

蜂ブラシ　巣板に付いたハチをはらい落とすためのブラシ．採蜜時以外にも，産卵状況などを調べるために，ハチを巣板から除くときに使用する．

蜜刀　蜜巣房が多くある巣板を蜜巣板という．蜜巣板を分離器に入れてハチミツを採取する前に，蜜巣房の蜜蓋を切り取るためのもの．薄刃の包丁でも代用できる．蜜蓋の切り取りは，巣板の下から上に向かって蜜蓋部分を

薄く切る.

分離器　蜜巣板を回転させ,遠心力で巣房内の蜜を飛び出させる.1枚から9枚の巣板が入る手動式から,9枚の入るモーター付のものまで種類は多い.1枚巣板用分離器は,慣れるまで多少こつがいる.一般的には,巣板を2枚入れ,片面が終わったら巣板を裏返して反対面を分離する小型のものが使いやすい.

蜜濾器　分離器で採った蜜を缶などの容器に集める際に,巣片や蜜といっしょに飛び出した幼虫や花粉,ごみなどを取り除くために使う.金網製で目の大きさが段階的に二重,また三重のものがある.

2．群の内検(巣箱内の点検)

燻煙器は必需品

内検時で,ニホンミツバチとの大きな違いは,燻煙器を用いる点である.

図111　燻煙器で煙を吹き込み,ハチを鎮める

図110　内検時に必要な頭からかぶった面布と燻煙器(左手),ハイブツール(右手)

付録　セイヨウミツバチの飼育法

服装は面布をかぶり，長袖，長ズボン姿で，袖口やズボンの裾を閉じてハチが入らないようにする(図110)．なれないうちはゴム手袋をつけた方がよい．4月～6月の流蜜，分蜂期には1週間に1回の内検は必要で，越冬期以外は月に1回は実施する．

　内検は晴天時を選び，巣門の横に立ち，はじめに攻撃性の強い門番蜂に燻煙器で煙を2～3回巣門にかける．次に静かに蓋の一方を持ち上げる．プロポリスで蓋が開かない場合はハイブツールでこじ開けるようにする．開けた側から煙を軽く吹き込み，蓋を取ったなら上からもう一度煙を吹きかけ，ハチを鎮める(図111)．

巣板の観察にハイブツールは必須

　巣板がプロポリスで固着されている場合には，ハイブツールで静かにこじるようにして動かし(図112)，手前の方から巣板上桟の両端を持ち上げ(図112)，巣板をやや垂直に保ちながら点検する(図112)．巣箱が巣板や分割板，給餌板でいっぱいの場合，巣板間の間隔が狭くなり，巣板を持ち上げる際に働き蜂や女王蜂をつぶしてしまい死亡させてしまうことがある．そのような場合は，分割板や給餌板を抜き取り，巣板間に余裕を持たせる．それでも十分でないときには，一番外側の巣板を抜き

図112　ハイブツールで巣板を操作(上)，巣板上桟の両端を持ち上げる(中)，巣板の点検(下)

取って巣箱の側面に傾けて立てかけ，残りの巣板を持ち上げやすい状態にして観察する．

ハチが多くて巣房内容が見えにくい場合には，女王蜂が巣板にいないことを確認してから，巣板の両端をしっかり持って強く下方に振り，働き蜂を巣箱の中に落として巣板の状態をチェックすることも必要となる．

チェック事項は，最初に巣門の前に死蜂や病気で巣箱内から出された幼虫，蛹がいないかどうかを調べる．次に働き蜂の量を巣箱の蓋をあけたときにチェックする．巣板上では①女王蜂の有無と産卵状況，②幼虫の量，その分布，③働き蜂，繁殖時期によっては雄蜂の量，④王台，ムダ巣の有無，⑤貯蜜，貯蔵花粉の量と分布，⑥病気，害敵の有無，などを調べることが重要である．

3．管理法

(1) 蜂群の増殖

ハチが増えたら巣板は継箱に

3月～4月の春に6枚群の蜂群を購入した場合，巣板には十分な量の働き蜂が保たれている．さらに蜜源の豊富な5月に入ると巣箱の中の働き蜂はあふれるように増えてくる．そのような状態になったときには巣板を加える必要がある．直ぐに産卵が開始されるように，外側の幼虫や卵のある育児巣板の次に空巣板を挿入する（図113）．空巣板の代わりに巣礎を張った巣礎枠を挿入して巣板を造らせることも可能で，その場合も外側の育児巣板の次に入れる．

図113　空巣板の挿入

図114　継箱を重ねる

付録　セイヨウミツバチの飼育法

　10枚入りの巣箱は，9枚の巣板と一番外側に分割板または給餌板が1枚入る．9枚の巣板が働き蜂で一杯になった時には継箱を重ねる(図114)．下の巣箱から巣房に蓋がされている有蓋巣板を継箱に移動する．下の巣箱には，育児巣板の次に空巣板を入れ，継箱と巣箱の巣板数が同数になるようにする．次に内検した際には，下の巣箱から有蓋巣板を継箱に上げ，巣板を抜き取った下の巣箱には空巣板を加えていくことを繰り返す．継箱の有蓋巣板から働き蜂が羽化した巣房に花蜜が貯えられる．

隔王板を利用する

　女王蜂は産卵するに従い上へ上へと移動していく傾向があるので，巣箱と継箱の間に隔王板を入れ(図115)，下の巣箱で産卵させ，継箱の巣板に貯蜜させる方法がよい．女王蜂は常に下の巣箱に存在することになるので，内検時に女王蜂の見逃しも軽減できる．

図115　巣箱と継箱の間の隔王板

人工分蜂には王台の観察が重要

　蜂群を増やすには，人工分蜂による方法がある．繁殖時期に蜂児巣板が多くなり，それと同時に働き蜂が過密状態になると釣り鐘状の王台が造られてくる．王台をそのままに放置すると分蜂が起こるが，それを人工的に行うことで増群できる．

　王台に蓋がされて5〜6日後(新女王が羽化する2〜3日前にあたる)に，女王蜂と3〜4枚の巣板に付いている働き蜂を別の巣箱に移動する人工分蜂を行う．移動した巣板には王台がないことを確かめ，王台がある場合は切り取る．元の巣箱に戻る働き蜂がいるため，移動する巣板には働き蜂を多くしておく．元の巣箱の巣板数が多い場合には，4枚群程度になるように巣板を減らしておく．蜂量が多いと新女王の交尾が遅れがちになる．巣板に造られた王台の中から形の整った大きな王台を1個選び，他の王台は切り取って，選

んだ王台から新女王が羽化するのを待つ．新女王は，羽化後7〜10日経過すると交尾飛行に飛び立ち，10匹前後の雄蜂と交尾する．交尾が成立すると2〜3日後に産卵を開始する．

　新女王が羽化する1〜2日前に，女王蜂と働き蜂が巣箱から飛び立つ自然分蜂は，その分蜂群を回収することが可能であれば群を増やすにはよい方法である．しかし活動する働き蜂は半減するので採蜜量も低下してしまう．これは人工分蜂の場合も同様のことがいえる．そのため，産卵力が低下した女王蜂は王台が造られた際に取り除き，その王台から羽化した新女王蜂で更新する方法は，蜂群の減少を起こさずにすむ．業者から女王蜂だけを購入することができるため，その女王蜂を導入して更新することも可能である．女王蜂は輸送用小型ケージに数匹の働き蜂が一緒に入れられ送られてくる．女王蜂は後述の導入法と同じ方法で導入する．

管理上重要な分蜂防止

　蜂群は，働き蜂の多い状態の強群に保つことによって採蜜量は上昇する．そのため分蜂をできる限り防ぐことが重要であるが，巣板の王台を取り除いてもすぐに王台は造られてくる．また分蜂は付近の樹木に集結するまでの間，多くのハチが飛び交うため，まわりの人を驚かしてしまうこともある．

　分蜂を予防する方法としては，1週間に一度は内検して王台を見落とさないようにすることである．王台はカッターナイフなどで切り取る．働き蜂が過密状態になることが王台を造る大きな要因であるため，働き蜂が密集しないように巣礎枠を挿入して巣造りを行わせたり，貯蜜巣板を取り除いて空巣板を入れたり，継箱をさらに加えてハチを分散する方法が有効である．女王蜂は上の継箱の空巣板に産卵する傾向がある．そのため継箱の巣板は蜂児であふれてくるが，下の巣箱は比較的開きがある状態になる．そこで上下の巣板を完全に入れ換え，分蜂を防止する方法もある．

(2) 女王蜂の養成と群への導入

自然王台，プラスチック王台の利用

　自然王台が多数できた場合，切り取った王台を王台保護器に入れ，3枚群

の中央巣板の下方に取り付けて女王蜂を養成することができる．自然王台以外にプラスチック製の人工王椀を用いて，同時に数十匹の女王蜂を人工養成することも可能である．人工王椀に孵化後約1日齢の働き蜂幼虫を移虫して，無王群か隔王板で仕切った継箱内で女王蜂を育てる．人工王椀は女王蜂の羽化2～3日前に自然王台の場合と同様に王台保護器に入れて巣板に取りつける．

王かごを使った女王蜂の導入

　交尾が完了して産卵を開始した新女王蜂は，王かごに入れて産卵が低下した群や無王群に導入することができる．導入する蜂群に女王蜂がいる場合はその女王蜂を取り除き，中央の2枚の巣板の上桟部で挟むようにして3日程度あずけておく（図116）．王かごの金網にかじりつく働き蜂がいなくなると，導入女王蜂の女王物質（フェロモン）が群内に行き渡り，受け入れが可能な状態となる．王かごの蓋を開けて女王蜂を巣板上に出す．女王蜂の回りに集まった働き蜂が女王蜂の体をなめたり，口移しで餌を与えたりする動作がみられれば導入は成功である．

図116　王かごによる女王蜂の導入

　働き蜂が女王蜂に嚙みつくような攻撃をして働き蜂のかたまりができた場合は，そのかたまりを水の中に投げ込んだり，水をかける．働き蜂は水から逃れようとして女王蜂から離れるので，そのとき女王蜂を捕まえて王かごに入れる．このようなことは，女王蜂を見逃していたり，新女王が羽化していたときに起こるため，再度蜂群内を調べ，導入を実施する．

（3）群の合同

継箱と新聞紙を用いる蜂群の合同

　女王蜂を他の群に導入したり，女王蜂が消失して無王になった蜂群や，蜜

源不足によって弱群になった場合，群を健全群に仕立てるために，2群を1群にする合同という方法がある．2群に共に女王蜂がいる場合は産卵の低下した女王蜂を取り除く．女王蜂を残した群の巣箱の上に新聞紙1枚が蓋になるようにかぶせる．新聞紙にはツールでひっかききずのような小さな穴を開け，その上に継箱を乗せて女王蜂を除いた群を入れて蓋をする(図117)．数日して上下の巣箱の働き蜂が新聞紙の小穴を嚙み破り，お互いに上下を行き来しているので，継箱の巣板を下の巣箱に移すと合同は完了である．

図117　新聞紙を用いた合同

(4) 給　餌

給餌する砂糖水の基本は50％溶液

貯蜜不足になった蜂群への砂糖水や，幼虫の栄養源として代用花粉の投与が，蜂群維持に必要なときがある．給餌は，砂糖と熱湯を1:1で混合した50％の砂糖水を作り，常温にしてから，給餌器に入れる(図118)．盗蜂を防止するために，日没直後に実施する．巣板の上部の巣房に少し蜜蓋ができるまで連続して与える．春先に産卵が開始された蜂群や，花粉が不足している場合には，市販の代用花粉(例えば，ビーハッチャーなど)を与えるのは蜂児の成育に効果的である．

図118　砂糖水の給餌

(5) 越　冬

越冬前に十分な貯蜜を

　地域にもよるが，11月～3月の越冬期に貯蜜が少ない場合には，蜂群は餓死してしまう．越冬に入る時点で最低5～6枚の巣板の蜂量(1万～1万2千匹)と3～4枚の十分な貯蜜巣板が必要である．9月～10月に越冬蜂が羽化するように管理し，貯蜜の少ない蜂群には給餌を十分に行って越冬態勢に入ることが望ましい．巣門は1/3程度に縮小し，地方によっては適度の防寒包装が必要である．初心者の場合は，2段群より標準の巣箱に十分な蜂量のある状態に持っていくことが肝要である．

(6) 巣板の保存

巣板はハチノスツヅリガ幼虫(スムシ)からの被害を防ぐ

　繁殖期や採蜜期の終了時や越冬期を迎えた際に，蜂児や貯蜜がない空巣板が存在するときには巣箱より抜き出す．空巣板は巣箱や枚数が多い場合は継箱を重ねた中に入れ，巣箱の隙間はガムテープなどで目張りして，ハチノスツヅリガの幼虫(スムシ)からの被害を防ぐ．冷蔵，ドライアイス，エタノールなどによる処理を行う(本誌50ページの秋期の項を参照)．

(7) 病気・害敵の防除

　ニホンミツバチは病気や害敵による被害はほとんどないが，セイヨウミツバチには壊滅的な被害を及ぼすものが多くある．最も重要なのが家畜法定伝染病に指定されているアメリカ腐蛆病とヨーロッパ腐蛆病である．病気を発見したら家畜保健衛生所に連絡しなければならない．1998年にチョーク病，ノゼマ病，ミツバチヘギイタダニによるバロア病，アカリンダニによるアカリンダニ症の4種の疾病が届出伝染病として指定された．届出伝染病は家畜法定伝染病のように，法に基づいた焼却などの処置を要するものでないが，早期発見と初期防疫の徹底を図ることを目的にしている．

　日本でミツバチの重要な病気・害敵は，腐蛆病，チョーク病，バロア病で

あり，ノゼマ病はまれにみられるが，アカリンダニ症は日本国内での発生はこれまで確認されていない．

セイヨウミツバチの重要な病気

アメリカ腐蛆病　最も被害の大きな病気の一つで，細菌のパエニバチルス・ラービによって起こる．孵化3日以内の若い幼虫が感染し，有蓋巣房内の幼虫や蛹が死亡する．幼虫や蛹が死ぬまでに芽胞(がほう)が形成される．この芽胞

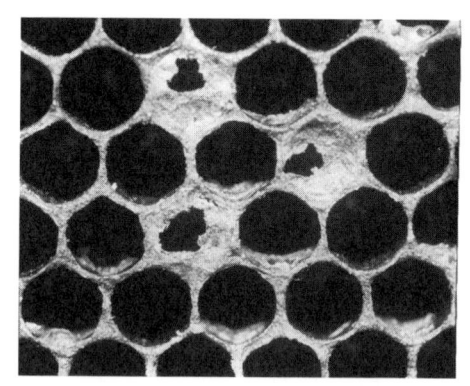

図119　アメリカ腐蛆病の巣板

の拡散によって感染が拡大される．罹病(りびょう)した巣房の蓋は黒ずんで，内側にへこんだようになり，小さな穴のある巣蓋がみられる(図119)．巣板全体の様子は蓋のないものや，あるものが点在する．乳白色の幼虫は暗褐色のミイラ状に変わり，爪楊枝(つまようじ)を幼虫巣房に差し込み，ゆっくりと引き抜くと2cm以上の糸をひくようになる．巣箱内には，にかわのような悪臭が漂う．そのような場合はアメリカ腐蛆病で死亡した可能性が高い．ミイラ状の死骸(スケイル)は巣房の入口から下部に張り付き，働き蜂が取り除いて掃除することが困難になり巣房に残る．蛹の段階で死ぬと，巣房内に残っている蛹の舌が死骸から飛び出ている．

日本では1955年(昭和30)に，ヨーロッパ腐蛆病とともに家畜法定伝染病に指定され，罹病群を発見したら家畜保健衛生所に届け，速やかに焼却するなどの防除対策が定められている．腐蛆病の予防対策としては蜂具の消毒や古い巣板を定期的に更新する方法が行われている．また巣板，巣箱，蜂具類の消毒のために，最近ではガンマ線照射も利用されている．腐蛆病の予防・治療薬としては抗生物質が有効で，アメリカでは認可されている．日本においても腐蛆病の予防薬として，抗生物質製剤の「みつばち用アピテン」(三鷹製薬（株）)の使用が1999年10月に認められた．

ヨーロッパ腐蛆病　細菌のメリソコッカス・プルトンが巣房に蓋がされる前の若い幼虫に感染し，有蓋後に幼虫は巣房内で死亡する．蛹への感染はまれに起こる．この細菌はアメリカ腐蛆病と異なり，芽胞を形成しない．死亡した幼虫は灰黒色になり，アメリカ腐蛆病のような粘着性はなく，働き蜂によって容易に除去される．予防対策はアメリカ腐蛆病と同様な処置が取られている．

チョーク病　カビのアスコスファエラ・アピスによっておこる病気で，孵化後3～4日の幼虫に感染し，幼虫は白い菌糸でおおわれるとちょうどチョークのように白く固まった状態で死んでしまう（図120）．働き蜂によって

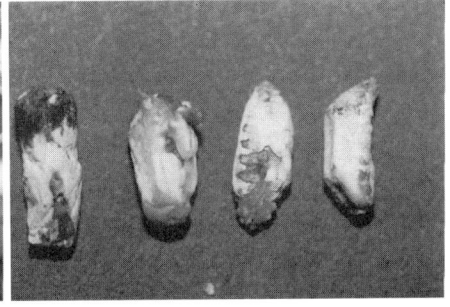

図120　巣房内のチョーク病(左)とチョーク病ミイラ(右)

巣門に白色の死体が多数出されたときには，蜂児巣板全体に蔓延している．雄蜂，女王蜂の幼虫もこの病気の感染を受ける．春から梅雨期に発病し，気温が上昇する夏には病気が消えたり減少する．現在チョーク病の有効な予防・治療薬は販売されていない．

ノゼマ病　原生動物の原虫（微胞子虫）であるノゼマ・アピスが成虫の消化管を侵し，胞子が発芽，増殖する病気である．この病気は，日本でまれに確認される．冬の終わりに近づくと巣箱の周辺を徘徊したり，巣門で死亡，または死にそうな働き蜂があらわれ，さらに排泄物の糞によって巣板，また巣箱の外側が過剰に汚れるなどの症状がみられる．胞子は糞に混じって排泄され，乾燥した糞の中で何カ月間も生存が可能であるため，感染が繰り返される．欧米諸国では，フマジリン（商品名フミディルB）がノゼマ病の防除のために認可されている．

セイヨウミツバチの重要な害敵

ミツバチヘギイタダニ　ミツバチヘギイタダニの学名バロア・ジャコブソニに由来してバロア病ともいう。扁平で薄い赤茶色，体長1mmほどの外部寄生性のダニである。セイヨウミツバチにとって，このダニの防除を怠ると養蜂は成り立たないといわれるほど重大な害敵である。

図121　ミツバチヘギイタダニによる翅の奇形(左，中)と正常な働き蜂(右)

働き蜂や雄蜂の体表に寄生している産卵前の雌ダニは，巣房に蓋がされる直前の蜂児巣房に入り込み，巣房の中に隔離された状態になるため，その防除が困難である点がダニの繁殖を容易にしている。ダニの寄生が多いと体液を吸われた蛹は成蜂になることができなくなる。もし羽化しても腹部の萎縮、体重の減少がみられ，翅の奇形などで飛行できなくなり，蜂数は急速に減少する(図121)。防除は幼虫や蛹が少なく，ダニが目立つ越冬前の9月～10月か，採蜜が終った地域では，7～8月に実施する。防除剤として合成ピレロイド剤の日農アピスタン(日本農業(株))が販売されている。また，2009年4月に新ダニ剤としてアピバール（アリスタライフサイエンス（株））が発売された。

アカリンダニ　体長0.1mm程度の小さなアカリンダニ(学名；アカラピス・ウッディ)が，働き蜂の前胸部の気管中に寄生することによっておこる病気でアカリンダニ症と呼ばれている。日本ではこのダニは未確認である。被害は秋から冬にかけて多く，寄生を受けた働き蜂は，翅の異常による飛行不能や腹部の膨張，巣門付近を徘徊するなどの症状がみられる。アカリンダニは微小なため，外部からの発見は不可能であり，胸部を解剖して気管を顕微鏡で観察する。防除には主にダニ用の燻蒸剤が用いられ，アメリカではメントール結晶の使用が認可されている。

オオスズメバチ　8月～11月にかけてミツバチを襲撃する。オオスズメバチのほかにキイロスズメバチによる攻撃もみられるが，オオスズメバチの

付録　セイヨウミツバチの飼育法

図122　オオスズメバチの攻撃を受けたセイヨウミツバチ

図123　巣箱に取り付けたスズメバチ捕殺器

集団攻撃による被害は甚大で，数時間で蜂群が絶滅することもある（図122）．オオスズメバチの襲来期には，蜂場を見まわって，見つけしだい捕虫網などで捕殺するか，巣門に市販のスズメバチ捕殺器を装着するなどの予防処置が必要である（図123）．

　ハチノスツヅリガ　　幼虫はスムシと呼ばれている．ニホンミツバチではウスグロツヅリガが多くみられるが，セイヨウミツバチではハチノスツヅリガの被害が大きい．強群では害はほとんどみられないが，弱群や保存中の空巣板などが食害される．被害の発生時やまた巣板の保存には，目張りを十分にした巣箱かトタン製の専用容器に中に巣板を入れ，冷蔵，ドライアイス，エタノールなどによる処理を行う（本誌50ページの秋期の項を参照）．

主な参考書と文献

　ミツバチの飼育，管理やミツバチの生態を解説した書籍は数多く出版されているが，すべてセイヨウミツバチを扱ったものである．中にはニホンミツバチの記述もみられるが，それはセイヨウミツバチとの比較か，簡単なニホンミツバチの説明に過ぎない．ニホンミツバチそのものについて解説した書籍は非常に少なく，以下に示した5冊がニホンミツバチを主に扱ったものである．

　原　道徳．1996．『洋蜂・和蜂』自費出版．175 pp.
　松本保千代(編)．1959．『蜜市翁小伝』自費出版．82 pp.
　岡田一次．1997．『ニホンミツバチ誌』玉川大学出版部，東京．87 pp.
　佐々木正己．1999．『ニホンミツバチ　北限の *Apis cerana*』海游舎，東京．191 pp.
　吉田忠晴．1998．『ニホンミツバチ―生態とその飼育法―』「ミツバチ科学」別刷資料 No.9，玉川大学ミツバチ科学研究施設，東京．56 pp.

　上記の書籍のほかに，関連の論文や記事は専門雑誌に多く発表されている．1980年から玉川大学ミツバチ科学研究施設で発行している機関誌『ミツバチ科学』には，ニホンミツバチに関する記事が数多く掲載されている．本書も『ミツバチ科学』に連載したものに加筆修正を行ってまとめたものであるが，文献の引用は省略した．『ミツバチ科学』や他の専門雑誌に総説的な内容で発表され，参考にした記事を示した．

　岡田一次．1985．「ニホンミツバチ―自然観察を中心に―」『遺伝』39(10)：58-68.
　岡田一次．1991．「ニホンミツバチ(日本蜂)―覚え書き―」『ミツバチ科学』12(1)：13-26，12(2)：61-76.
　Sakagami, S. F. 1960. Preliminary report on the specific difference of behaviour and other ecological characters between European and Japanese honeybees. *Acta Hymenopterologica* 1(2)：171-198. (その他，1958～1960にニホンミツバチ論文9編)

Tokuda, Y. 1924. Studies on the honeybee, with special reference to the Japanese honey bee. *Trans. Sapporo Nat. Hist. Soc.* 9：1-27.

吉田忠晴．1997-1998．「ニホンミツバチ―生態とその飼育法―」『ミツバチ科学』18(1)：1-8, 18(2)：65-80, 18(3)：137-148, 18(4)：165-174, 19(1)：27-36.

ニホンミツバチ用機材の購入先

★AY巣箱と巣枠
「日本蜂研究会」(代表　青木圭三)に入会すると，会員に斡旋してくれる．
問い合わせは玉川大学ミツバチ科学研究センター(吉田忠晴)まで．

★ニホンミツバチ用巣礎
㈱養蜂研究所(〒463-0011　愛知県名古屋市守山区小幡北山2773-160)で販売している．

セイヨウミツバチ蜂群(種蜂)，機材の購入先

☆野々垣養蜂園　　〒491-0201　愛知県一宮市奥町郷中江東75
☆㈱養蜂研究所　　〒463-0011　愛知県名古屋市守山区小幡北山2773-160
☆㈱秋田屋本店　　〒500-8691　岐阜県岐阜市加納富士町1-1
☆アピ㈱　　　　　〒500-8468　岐阜県岐阜市加納桜田町1-1
☆㈲フルサワ蜂産　〒500-8402　岐阜県岐阜市竜田町3-3
☆㈱松原喜八総本場〒500-8056　岐阜県岐阜市下竹町29
☆渡辺養蜂場　　　〒500-8453　岐阜県岐阜市加納鉄砲町2-43
☆熊谷養蜂㈱　　　〒369-1241　埼玉県大里郡花園町武蔵野2279-1

□著 者

吉田忠晴　YOSHIDA Tadaharu

1946年北海道函館市に生まれる。1969年玉川大学農学部卒業。現在玉川大学学術研究所ミツバチ科学研究センター教授，農学博士。専門は養蜂学，昆虫行動学。
著書に『ニホンミツバチの社会をさぐる』（玉川大学出版部，2005）．『ミツバチのはなし』（技報堂出版，1992），『アジアの養蜂』（国際農林業協力協会，1993），『みつばち　自然界の幾何学者』（立風書房，1994），『蜂は職人・デザイナー』（INAX出版，1998），『日本動物大百科　昆虫Ⅲ』（平凡社，1998），『ニホンミツバチの文化誌』（日本ナショナルトラスト，2001）（いずれも共著），『ミツバチの絵本』（編，農山漁村文化協会，2002）．

ニホンミツバチの飼育法と生態

2000年 1月25日　第1刷
2024年10月15日　第13刷

著者　吉田　忠晴
発行者　小原　芳明
発行所　玉川大学出版部
194-8610　東京都町田市玉川学園6-1-1
TEL　042-739-8935
www.tamagawa-up.jp
振替　00180-7-26665
印刷・製本　TOPPANクロレ株式会社

NDC　647

© YOSHIDA Tadaharu 2000 Printed in Japan　乱丁本・落丁本はお取替いたします
ISBN978-4-472-40081-0 C1061